EDA 工程技术丛书

U0378016

Altium Designer 19
PCB设计官方指南(高级实战)

Authoritative Guide for PCB Design
Based on Altium Designer 19

(Advanced Drills)

Altium中国技术支持中心 ◎编著
Altium China Technical Support Center

清华大学出版社
北京

内 容 简 介

本书以 Altium Designer 19 软件为依托，介绍了 Altium Designer 19 软件的高级功能及高级案例实战演示(含纸质图书、实战案例、配套视频教程)。这是一本进阶学习高速 PCB 设计必备工具书。全书分为 8 章，第 1 章为 Altium Designer 19 高级功能及应用部分，介绍系统高级功能、原理图高级功能、PCB 高级功能、PCB 后期处理高级功能等；第 2 章为设计规则的高级应用部分，介绍铺铜高级连接方式、高级间距规则、高级线宽规则、区域规则设置、阻焊规则设置、内电层的规则设置、Query 语句的设置及应用、规则的导入和导出；第 3 章为叠层应用及阻抗控制部分，介绍叠层的添加及应用、阻抗控制计算方法等；第 4 章为 PCB 总体设计要求及规范，介绍 PCB 常见设计规范、拼板、PCB 表面处理工艺、组合装配等；第 5 章为 EMC 设计规范，包括 EMC 概述、常见 EMC 器件、布局、布线等；第 6~8 章为进阶实例部分，包含 4 层 STM32 开发板、4 层 MT6261 智能手表(HDI 设计)、6 层全志 A64 平板电脑 3 个完整案例的讲解。从 PCB 设计的总体流程、实例简介、创建工程文件、位号标注及封装匹配、原理图编译及导入、板框绘制、电路模块化设计、器件模块化布局、PCB 的叠层设置、PCB 布线、PCB 设计后期处理、生产文件的输出、STM32 检查表等步骤来演示整个设计过程。实例讲解过程包含作者多年的高速 PCB 设计经验，能够帮助读者快速地掌握高速 PCB 设计知识点。

本书适合作为各大院校相关专业和培训班的教材，也可作为从事电子、电气、自动化设计工作的工程师的学习和参考用书。

图书在版编目(CIP)数据

Altium Designer 19 PCB 设计官方指南：高级实战/Altium 中国技术支持中心编著.—北京：清华大学出版社，2020.1(2022.1重印)
(EDA 工程技术丛书)
ISBN 978-7-302-54492-0

Ⅰ.①A… Ⅱ.①A… Ⅲ.①印刷电路－计算机辅助设计－应用软件－指南 Ⅳ.①TN410.2-62

中国版本图书馆 CIP 数据核字(2019)第 265409 号

责任编辑：盛东亮　钟志芳
封面设计：李召霞
责任校对：白　蕾
责任印制：杨　艳

出版发行：清华大学出版社
　　　　　网　　址：http://www.tup.com.cn，http://www.wqbook.com
　　　　　地　　址：北京清华大学学研大厦 A 座　　　　　邮　　编：100084
　　　　　社 总 机：010-62770175　　　　　邮　　购：010-83470235
　　　　　投稿与读者服务：010-62776969，c-service@tup.tsinghua.edu.cn
　　　　　质量反馈：010-62772015，zhiliang@tup.tsinghua.edu.cn
　　　　　课件下载：http://www.tup.com.cn，010-83470236
印 装 者：三河市龙大印装有限公司
经　　销：全国新华书店
开　　本：185mm×260mm　　印　张：23.5　　　　字　　数：555 千字
版　　次：2020 年 2 月第 1 版　　　　　　　　　　印　　次：2022 年 1 月第 5 次印刷
印　　数：6001～7500
定　　价：79.00 元

产品编号：086118-01

Altium 公司一直致力于为每个电子设计工程师提供最好的设计技术和解决方案。三十多年来，我们一直将其作为 Altium 公司的核心使命。

这期间，我们看到了电子设计行业的巨大变化。虽然设计在本质上变得越来越复杂，但获得设计和生产复杂 PCB 的能力已经变得越来越容易。

中国正在从世界电子制造强国向电子设计强国转型，拥有巨大的市场潜力。专注于创新，提升设计能力和有效性，中国将有机会使这种潜力变为现实。Altium 公司看到这样的转变，一直在中国的电子设计行业投入巨资。

我很高兴这本书将出版。学习我们的设计系统是非常实用和有效的，将使任何电子设计工程师在职业生涯中受益。

Altium 公司新的一体化设计方式取代了原来的设计工具，让创新设计变得更为容易，并可以避免高成本的设计流程、错误和产品的延迟。随着互联设备和物联网的兴起，成功、快速地将设计推向市场是每个公司成功的必由之路。

希望您在使用 Altium Designer 的过程中，将设计应用到现实生活中，并祝愿您事业有成。

Altium 大中华区总经理 David Read

2019 年 3 月

FOREWORD

At Altium we always have been passionate about putting the best available design technology into the hands of every electronics designer and engineer. We have made it our core mission at Altium for more than 30 years.

Over this time we have seen much change in the electronics design industry. While designs have become more and more complex in their nature, the ability to design and produce a complex PCB has become more and more accessible.

China has a great opportunity ahead, to move from being the world's electronics manufacturing power house, to become the world's electronics design power house. That opportunity will come from a focus on innovation and raising the power and effectiveness of the electronics designer. Seeing this transformation take place, Altium has been investing heavily in the design industry in China.

To that end, I am delighted to see this book. It is an extremely practical and useful approach to learning our design system that will surely benefit any electronics designer's career.

Our approach to unified design approach replaces the previous ad-hoc collection of design tools, making it easier to innovate and allows you to avoid being bogged down in costly processes, mistakes or delays. With the rise of connected devices and IoT bringing designs to market successfully and quickly is imperative of every successful company.

I wish you the best of success in using Altium Designer to bring your designs to life and advance your career.

General Manager, China

2019.3

在写本书之前,由我们编写的《Altium Designer 19 PCB 设计官方指南》一书已经得到很多读者的支持与认可。但由于这本书定位在入门级别,对于有基础或者需要进阶的工程师来说,书中没有包含软件的进阶内容和高速 PCB 设计案例实战演示。又加之新的 Altium Designer 19 版本中有一些对于高速 PCB 设计的功能推出,所以促成了本书的出版,这正好与前面的基础书形成互补。

本书是面向使用 Altium Designer 软件进行高速 PCB 设计的工程师用书,同样适用于各大院校相关专业的培训教材。全书分为 8 章,主要是以 Altium Designer 19 软件为平台,结合 Altium Designer 19 PCB 基础设计理论以及实际实战案例,完整地介绍以 Altium Designer 19 软件进行高速 PCB 设计的流程和方法。其主要内容包括高级功能应用、高级规则设计、PCB 设计要求及规范、EMC 设计规范、4 层通孔案例实战讲解、4 层埋盲孔案例实战讲解、6 层通孔案例实战讲解等。

第 1 章 Altium Designer 19 高级功能及应用,主要介绍系统高级功能、原理图高级功能、PCB 高级功能、PCB 后期处理高级功能等。通过新功能的介绍,帮助读者更加快速地掌握软件高级技巧的使用,有助于工作中提高 PCB 设计效率。第 2 章 设计规则的高级应用,主要介绍铺铜高级连接方式、高级间距规则、高级线宽规则、区域规则设置、阻焊规则设置、内电层的规则设置、Query 语句的设置及应用、规则的导入和导出等要点。一直以来,规则设置对于新手或者老手都是一个不容易过去的坎,通过本章高级规则的介绍,希望能帮助读者解开对软件规则设置的难点。第 3 章 叠层应用及阻抗控制,主要介绍叠层的添加及应用、阻抗控制计算方法等。本章特别介绍了多层板的叠层方法,以及使用 Altium Designer 19 软件进行阻抗计算,真正实现没有第三方软件辅助的情况下也能进行阻抗处理。第 4 章 PCB 总体设计要求及规范,主要介绍 PCB 常见设计规范、拼板、PCB 表面处理工艺、组合装配等。第 5 章 EMC 设计规范,主要介绍 EMC 概述、常见 EMC 器件、布局、布线等。第 6～8 章为进阶实例部分,包含 4 层 STM32 开发板、4 层 MT6261 智能手表(HDI 设计)、6 层全志 A64 平板电脑 3 个完整案例的讲解。从 PCB 设计的总体流程、实例简介、创建工程文件、位号标注及封装匹配、原理图编译及导入、板框绘制、电路模块化设计、器件模块化布局、PCB 的叠层设置、PCB 布线、PCB 设计后期处理、生产文件的输出、STM32 检查表等步骤来演示整个设计过程。实例讲解过程中包含作者多年的高速 PCB 设计经验,能够帮助读者快速掌握高速 PCB 设计知识点。

特别说明,本书所有的工程实例都基于 Altium Designer 19(虽然 Altium 软件几乎不存在版本兼容性问题,但还是建议读者使用对应的软件版本来学习)版本进行实战演示,每个工程案例都会提供对应的 5 个子文件(工程、原理图、原理图库、PCB 和 PCB 库)。

本书由 Altium 中国技术支持中心组织编写,由李崇伟和高夏英结合多年的高速 PCB 设计相关实际工作及培训经验编写而成。

前言

　　在此特别感谢 Altium 中国市场部经理凌燕对本书的编著、整理和出版进行牵头、组织并给予支持。感谢 Altium 中国技术支持部经理胡庆翰团队的张金平、清华大学出版社的盛东亮老师和钟志芳老师协助审稿并提出宝贵意见。

　　由于编者水平有限，书中难免有不足之处，敬请读者批评指正，欢迎读者咨询 Altium Designer 的售后使用及维保、续保问题。

Altium 中国技术支持中心

2019 年 10 月

目录

目录

目录

目录

目录

Altium Designer 19 具备时尚、新颖的用户界面,显著地提高了用户体验和效率,简化了设计流程,实现了前所未有的性能优化。除了常规的流程化基本操作,Altium Designer 19 还提供了多个高级功能,使用户可以更为方便、快速地实现复杂板卡的设计。

本章主要介绍 Altium Designer 19 原理图编辑界面和 PCB 编辑界面下的各个高级操作技巧,帮助用户掌握方法,实现更高效的 PCB 设计。

学习目标:
- 了解 Altium Designer 19 的新功能。
- 熟练掌握高级技巧的操作方法。

1.1 系统高级功能

1.1.1 Light/Dark 主题切换功能

Altium Designer 19 支持在默认的深色 Altium Dark Gray 用户界面主题与新的 Altium Light Gray 主题之前进行切换。单击菜单栏右侧的"设置系统参数"按钮 ⚙,打开"优选项"对话框,在 System-View 页面中 UI Theme Current 下拉选项框中进行主题的切换,如图 1-1 所示。设置完毕重启 Altium Designer 软件即可生效更改。

1.1.2 鼠标滚轮配置

案例资源

在使用 Altium Designer 的过程中,熟练地运用鼠标滚轮控制图的左右、上下移动、缩放,将大大提高 PCB 设计效率。在 Altium Designer 19 中,用户可以根据个人爱好和习惯定制鼠标滚轮的功能。可以为所有的编辑器配置鼠标滚轮,或者专门为原理图或 PCB 文档配置鼠标滚轮。

单击菜单栏右侧的"设置系统参数"按钮 ⚙,打开"优选项"对话框,在 System-Mouse Wheel Configuration 页面中进行鼠标滚轮的配置,如图 1-2 所示。

图 1-1　UI主题切换

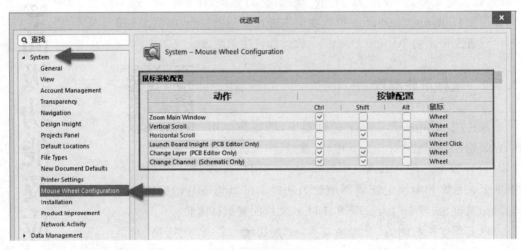

图 1-2　鼠标滚轮配置

1.1.3　在菜单栏中添加命令的方法

Altium Designer 的新版本更新以后,一些低版本的菜单栏命令没有了,例如原理图编辑界面下的"放置"菜单栏中的"手工节点"命令以及 PCB 编辑界面下的"设计"菜单栏中的"板参数选项"命令等。这些命令在 Altium Designer 19 软件的菜单栏中默认是没有的,但是 Altium Designer 19 并没有取消这些功能,用户还可以将其添加到菜单栏中。

本节以在 PCB 编辑界面添加"板参数选项"命令为例,介绍在菜单栏中添加命令的方法。

(1) 双击菜单栏中的空白位置,弹出 Customizing PCB Editor 编辑对话框,在该对话框中找到并选中"设计"选项,单击"新的"按钮,新建一个命令,如图 1-3 所示。

图 1-3　新建菜单栏命令

(2) 弹出 Edit Command 对话框,如图 1-4 所示,并在"处理"文本框中输入或选择相应的命令。如不清楚"板参数选项"对应的命令,可到低版本的 Altium Designer 软件中找到这一命令,单击"编辑"按钮,查看相应的命令,如图 1-5 所示。

(3) 将对应的命令粘贴到 Altium Designer 19 的 Edit Command 对话框中,得到"板参数选项"命令如图 1-6 所示。

(4) 单击"确定"按钮即完成菜单栏命令的添加。选中添加的"板参数选项"命令,按住鼠标左键拖动该命令将其放置在任意一个菜单下,如图 1-7 所示。利用该方法可以添加其他菜单栏命令到相应的菜单栏中,但是需要确定该命令在相应的 Altium Designer 版本中是否有效。

Edit Command

动作

处理 (E):

浏览 (B)...

参数 (P):

信息 (I)...

标题

标题 (C):

描述 (D):

图像

位图文件 (B):

预览:

快捷键

主要的:

可选的 (A):

当前被用于:

当前被用于:

确定　　取消

图 1-4　Edit Command 对话框

图 1-5　在低版本 Altium Designer 软件中复制命令

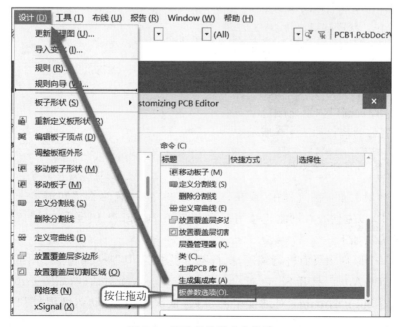

图 1-6　"板参数选项"命令

图 1-7　移动菜单栏命令位置

1.2 原理图高级功能

1.2.1 端口的应用

1. 放置端口

原理图的网络电气连接有 3 种形式,一种是直接通过导线连接;另一种是通过放置相同的网络标号来实现;还有一种就是放置相同网络名称的输入输出端口。端口实现了从一个原理图到另一个原理图的连接,通常用于层次原理图中。

端口放置的步骤如下:

(1) 执行菜单栏中"放置"→"端口"命令或按快捷键 P+R,或单击工具栏中"放置端口"按钮 ▣▷ ,光标上会附带一个端口符号。

(2) 移动光标到合适的位置单击,确定端口其中一端的位置,按 Space 键可进行旋转。再次移动光标确定端口另一端的位置,单击确定端口的位置。

(3) 设置端口属性。双击已放置好的端口,或在放置状态时按 Tab 键,系统将弹出相应的属性面板,如图 1-8 所示。

- Location:端口在原理图上的坐标位置,一般不进行设置。
- Name:端口名称的设置。最重要的属性之一,相同名称的端口存在电气连接关系。
- I/O Type:端口的电气特性,为系统的电气规则检查提供依据。包含 4 种类型: Unspecified(未确定类型)、Output(输出端口)、Input(输入端口)、Bidirectional (双向端口)。若不清楚具体 I/O 类型,建议选择 Unspecified。
- Width:设置端口宽度。
- Height:设置端口高度。
- Font:用于字体的类型、大小、颜色等设置。
- Alignment:设置端口的名称位置,包含靠左、居中、靠右。
- Border:设置边框大小及颜色。
- Fill:设置端口内填充颜色。

(4) 放置好的端口如图 1-9 所示。

2. 自动给端口添加页码

用户设计层次原理图过程中,或在打印原理图之后,有时希望知道某一个网络分布在哪些页面上,以方便查看网络连接情况。Altium Designer 19 给网络端口添加网络标号指示页的方法如下:

(1) 给每个原理图页面进行编码,执行菜单栏中"工具"→"标注"→"图纸编号"命令,或按快捷键 T+A+T,打开 Sheet Numbering For Project 对话框,如图 1-10 所示。

(2) 设置 Sheet Number 对话框中的参数,依次单击"自动图纸编号""自动文档编号""更新原理图数量"按钮,可单击方框进行编号的修改,通过"上移""下移"按钮确定编号的先后位置,然后单击"确定"按钮。如图 1-11 所示。

General | Parameters

▲ Location

(X/Y) | 1700mil | 6300mil

▲ Properties

Name | Port
I/O Type | Unspecified
Harness Type | [No Harness Type]

Width
Location — Port Height

Width | 300mil | Height | 100mil

Font | Times... | 10
B | I | U | T
Alignment
Border | Smallest
Fill

图 1-8 端口属性设置面板

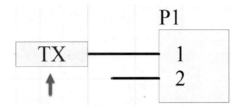

图 1-9 放置好的端口

Sheet Numbering For Project: PCB_Project1.PrjPCB - 7 Schematic Sheets

Schematic Document	SheetNumber	DocumentNumber	SheetTotal
01_Ambulance-L.SchDoc	*	*	*
02_Ambulance-R.SchDoc	*	*	*
03_MAIN.SchDoc	*	*	*
04_MAIN_1.SchDoc	*	*	*
05_Sheet1.SchDoc	*	*	*
06_Sheet2.SchDoc	*	*	*
07_Trumpet.SchDoc	*	*	*

自动图纸编号(S) | ▼ | 自动文档编号(N) | ▼ | 更新原理图数量(C) | 上移(U) | 下移(D) | 确定 | 取消

图 1-10 Sheet Numbering For Project 对话框

Sheet Numbering For Project: PCB_Project1.PrjPCB - 7 Schematic Sheets

Schematic Document	SheetNumber	DocumentNumber	SheetTotal
01_Ambulance-L.SchDoc	1	1	7
02_Ambulance-R.SchDoc	2	2	7
03_MAIN.SchDoc	3	3	7
04_MAIN_1.SchDoc	4	4	7
05_Sheet1.SchDoc	5	5	7
06_Sheet2.SchDoc	6	6	7
07_Trumpet.SchDoc	7	7	7

① 自动图纸编号(S) | ▼ | ② 自动文档编号(N) | ▼ | ③ 更新原理图数量(C) | 上移(U) | 下移(D) | ④ 确定 | 取消

图 1-11 设置编号

（3）设置网络识别符的作用范围。执行菜单栏中"工程"→"工程选项"命令，在"工程选项"设置对话框中选择 Options 标签，将"网络识别符范围"设置为 Flat，如图 1-12 所示。

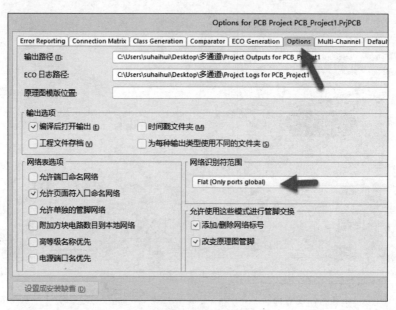

图 1-12 "工程选项"对话框

（4）设置原理图图纸和位置的显示类型。按快捷键 O+P 打开"优选项"对话框，在 Schematic-General 页面中的"端口交叉参考"选项组中进行设置，如图 1-13 所示。

图 1-13 设置端口交叉类型

（5）给工程添加交叉端口。执行菜单栏中"报告"→"端口交叉参考"→"添加到工程"命令，如图 1-14 所示。可以看到端口旁边已经带上原理图的相应编号，如图 1-15 所示。

图 1-14　添加端口显示

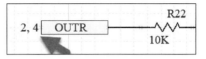

图 1-15　原理图编号显示

1.2.2　层次式原理图设计

对于大规模的电路系统,需要将其按功能分解为若干个电路模块,用户可以单独绘制好各个功能模块,再将它们组合起来继续处理,最终完成整体电路的连接。这样,电路的结构清晰,便于多人协同操作,加快工作进程。

1. 层次化原理图和平坦式原理图的概念与区别

层次化原理图主要包括主电路图和子电路图两大部分。它们之间是父电路与子电路的关系,在子电路图中仍可包含下一级子电路。子电路图用来描述某一电路模块的具体功能,由各种元件和导线构成,增加了一些端口,作为与主电路图和其他电路图之间进行连接的接口。主电路图主要由多个页面符组成,用来展示各个电路模块之间的系统连接关系,描述了整体电路的功能结构。

平坦式原理图采用水平方向分割,如图 1-16 所示。将总体的电路进行模块划分,各模块之间一般通过"离图连接器《OffSheet"或者具有全局连接属性的网络标号来完成电气连接。

层次化原理图采用垂直方向分割,如图 1-17 所示。将总电路以模块划分后,模块之间一般通过"端口 ▷""页面符 ▦""图纸入口 ▷"来实现电气连接。

图 1-16　平坦式原理图

图 1-17　层次化原理图

2. 层次化原理图的应用

层次化原理图有自上而下和自下而上两种设计方式。

1）自上而下的层次化原理图

自上而下的设计理念是把整个电路分为多个功能模块,确定每个模块的内容,再对这些模块进行详细设计。这种方法要求用户对设计有整体的把握,对模块划分比较清楚。

本节以"1969功放"电路设计为例,演示自上而下的层次化原理图的具体步骤。本电路划分为 3 个电路模块:喇叭保护 Trumpet 模块和 2 路功放模块 Ambulance-L、Ambulance-R。

(1) 建立工程文件。建立一个名为"1969功放. PrjPCB"的工程文件,并添加一个名为 Main. SchDoc 的原理图文件,将其作为层次化原理图的主电路图,如图 1-18 所示。

(2) 放置页面符,并设置相关参数。

① 执行菜单栏中"放置"→"页面符"命令,或按快捷键 P＋S,或者单击工具栏的图标 ,光标将会附带一个页面符标识,如图 1-19 所示。

图 1-18　建立工程文件　　　　　　　图 1-19　放置页面符指令

② 将页面符放到合适的位置,先单击确定页面符的一个顶点,移动光标到合适的位置再次单击确定其对角顶点位置,即可得到大小适宜的页面符,如图 1-20 所示。

③ 设置页面符属性。双击页面符,打开页面符属性面板,进行相应的参数设置,如图 1-21 所示。

图 1-20　放置页面符　　　　　　　图 1-21　页面符属性面板

- Location：页面符在原理图上的坐标位置，根据页面符的移动自动设置，一般不需要设置。
- Designator：用于输入相应页面符的名称，本质与元件标识符类似，不同的页面符要有不同的标识。
- File Name：用于输入页面符所代表的下层子原理图的文件名。
- Width、Height：页面符的宽度和高度，可设置。
- Line Style：用于设置页面符的边框大小，包含"Smallest（最细）""Small（细）""Medium（中等）""Large（粗）"。
- Fill Color：用于设置填充颜色。

设置好参数的页面符如图 1-22 所示。

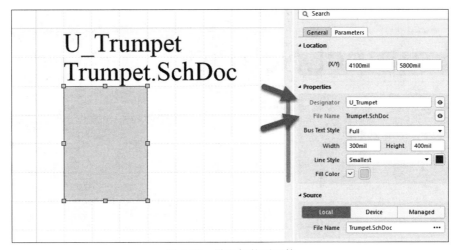

图 1-22　设置好的页面符

（3）重复上述 3 个步骤，把其他 2 个模块的页面符 U_Ambulance-L 和 U_Ambulance-R 设置好，页面符的个数与子原理图（模块）数相符，如图 1-23 所示。

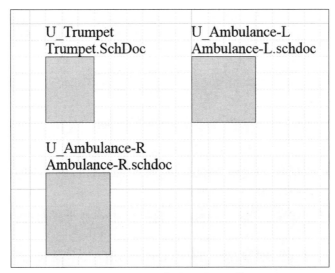

图 1-23　设置好的 3 个页面符

（4）放置图纸入口 ，用于后期页面符之间的连接。执行菜单栏中"放置"→"图纸入口"命令或按快捷键 P＋A，如图 1-24 所示。

① 放置图纸入口到页面符内部，图纸入口只能在页面符的内部边框放置，如图 1-25 所示。

② 设置图纸入口属性。

- Name：图纸入口名称，应与子图中的端口名称对应，才能完成电气连接。
- I/O Type：图纸入口的电气特性，重要的属性之一。

若不清楚具体 I/O 类型，建议选择 Unspecified。

图 1-24　放置图纸入口指令

设置好的图纸入口如图 1-26 所示。

图 1-25　图纸入口及其参数

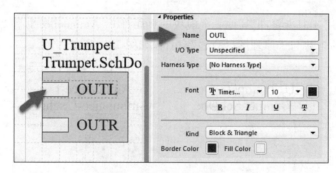

图 1-26　设置好的图纸入口

③ 放置并设置好其他页面符的图纸入口，如图 1-27 所示。

（5）通过导线完成页面符之间的连接。相同的图纸入口，用导线连接起来，完成主电路图 Main. SchDoc 的绘制，如图 1-28 所示。

注意：GND 端口和电源端口具有全局连接的属性，所以不需要额外放置相应的图纸入口或端口。

（6）绘制子原理图（模块原理图）。根据主原理图的页面符将与之相对应的子原理图绘制出来。

图 1-27　设置好其他页面符的图纸入口

图 1-28　主电路图的绘制

① 执行菜单栏中"设计"→"从页面符创建图纸"命令,或按快捷键 D＋R,如图 1-29 所示。或在页面符上右击,从弹出的快捷菜单中执行"页面符操作"→"从页面符创建图纸"命令,如图 1-30 所示。

② 若采用指令 1,则光标变为十字,将光标放到页面符单击即可弹出对应的子原理图文件。若采用指令 2,则直接弹出。弹出的子原理图如图 1-31 所示。此时可以看到,在弹出的原理图中已经自动生成相应的端口。

③ 保存弹出的原理图,按普通原理图的设置方法,放置所需的元件并进行电气连接,完成 Trumpet.SchDoc,如图 1-32 所示。

④ 绘制完成其他子原理图,由主电路图的其他两个页面符 U_Ambulance-L 和 U_Ambulance-R 创建 Ambulance-

图 1-29　创建子原理图指令 1

图 1-30　创建子原理图指令 2

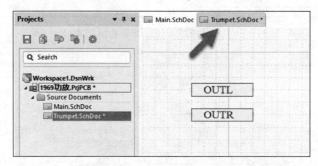

图 1-31　由页面符 U_Trumpet 生成的子原理图

图 1-32　绘制完成的 Trumpet. SchDoc

L. SchDoc 和 Ambulance-R. SchDoc,完成子电路的绘制。绘制完后,对整个工程进行位号标注并保存好。最终工程中包含的文件如图 1-33 所示。

（7）在工作区中选择"1969 功放. PrjPCB",右击,编译整个工程,如图 1-34 所示。通过 Messages 面板查看是否存在错误,是则修改好。

图 1-33　绘制完成的各个原理图

图 1-34　编译工程

（8）编译之后，可以发现整个工程呈现层次的关系，如图 1-35 所示。至此，自上而下的层次化原理图绘制完成。

图 1-35　编译之后的结构变化

2）自下而上的层次化原理图

自下而上的层次化原理图设计理念是用户先绘制原理图子图，再根据原理图子图生成页面符，进而生成主原理图，达到整个设计要求。这种方法比较适合对整体设计不太熟悉的用户，对初学者也是一个很好的选择。

依旧以"1969 功放"电路设计为例，演示自下而上的层次化原理图的具体步骤。本电路划分为 3 个电路模块：喇叭保护 Trumpet 模块和 2 路功放模块 Ambulance-L、Ambulance-R。

（1）新建一个工程，将每一个子电路画好，需要进行跨页连接的网络用端口连上（这里直接复制上一个工程已画好的原理图），如图 1-36 所示。

（2）给工程添加一个主原理图 main. SchDoc。在原理图空白处右击，从弹出的快捷菜单中执行"图纸操

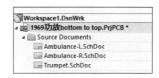

图 1-36　绘制好的各个子原理图

作"→Create Sheet Symbol From Sheet 命令，如图 1-37 所示。随之弹出"选择文件设置"对话框，如图 1-38 所示。

图 1-37　从图纸生成页面符

图 1-38 "选择文件放置"对话框

（3）依次单击生成子原理图相应的页面符，最终如图 1-39 所示。

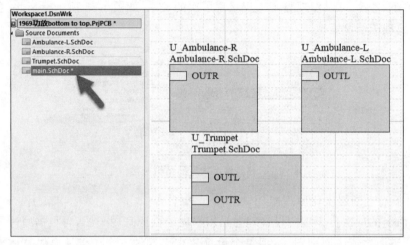

图 1-39 生成各模块页面符

（4）用导线连接各个页面符，页面符可以移动，内部图纸入口也可以移动，以便于连接。连接之后如图 1-40 所示。

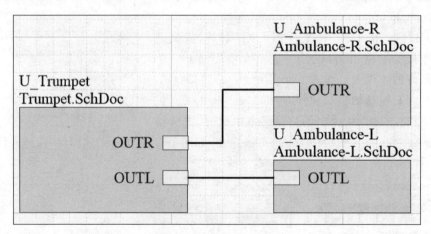

图 1-40 连接好的页面符

（5）选中工程文件右击，编译整个原理图，如图 1-41 所示。形成层次关系，如图 1-42 所示。至此，自下而上的原理图绘制完成。

注意：层次化原理图设计各原理图之间的切换可以在 Projects 面板中操作，也可以使用 🔀（工具→上下层）功能，此时光标变成十字形状，单击端口或者页面符，就可以进行向上层或下层的切换。

图 1-41　编译工程

3. 生成层次设计表

设计的层次原理图在层次较少的情况下,结构相对简单,用户能很快理解。但是对于层次较多的电路图,其层次关系复杂,用户不容易看懂。Altium Designer 软件提供了层次设计表的功能,作为辅助用户查看复杂层次关系的工具。借助层次设计表,用户可以清晰地把握层次结构,进一步明确设计内容。

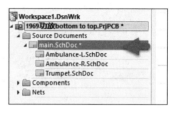

图 1-42　编译之后的层次结构

建立层次设计表的步骤如下:

(1) 执行菜单栏中"报告"→Report Project Hierarchy 命令,如图 1-43 所示,即可生成相关的层次设计表。

(2) 层次设计表会添加到工程下的 Generated→Text Documents 文件夹中,后缀是 .REP 的一个文件。位置如图 1-44 所示,内容如图 1-45 所示。

图 1-43　生成设计表命令

图 1-44　层次设计表的位置

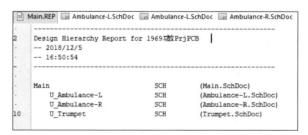

图 1-45　层次设计表的内容

1.2.3　原理图多通道的应用

在大型的设计过程中,用户可能会需要重复使用某个图纸,若使用常规的复制粘贴,虽然可以达到设计要求,但原理图的数量将会变得庞大而烦琐。Altium Designer 支持多通道设计。

多通道设计是指在层次原理图中有一个或者多个的通道(原理图)会被重复调用,用户可根据需要多次使用层次原理图中的任意一个子图,从而避免重复绘制多次相同的原理图。

本节以"STM32F407 开发板"为例,将其中的蜂鸣器模块重复调用,以演示多通道层次原理图的设计过程。

(1) 新建一个名称为 Buzzer 的工程,将蜂鸣器模块绘制于 Buzzer.SchDoc 中,如图 1-46 所示。需要进行页面外连接的信号,用端口表示,如 BEED。此处需要注意,电源和地的网络连接建议使用软件提供的电源端口类型,即 ⏚ 和 ᴠᴄᴄ,具有全局连接属性。后面生成的页面符就不需要放置这些电源端口,可以减少一部分操作。

图 1-46　蜂鸣器模块

(2) 新建一个 Main.SchDoc 文件,在此文件下执行菜单栏中"设计"→Create Sheet Symbol From Sheet 命令,如图 1-47 所示。或者在原理图空白处右击,从弹出的快捷键菜单中执行"图纸操作"→Create Sheet Symbol From Sheet 命令,如图 1-48 所示。

图 1-47　建立页面符指令 1

图 1-48　建立页面符指令 2

（3）在弹出的 Choose Document to Place 对话框中选择需要调用的原理图，如图 1-49 所示。选中之后单击 OK 按钮，可得到如图 1-50 所示的页面符。

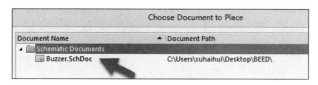

图 1-49　Choose Document to Place 对话框

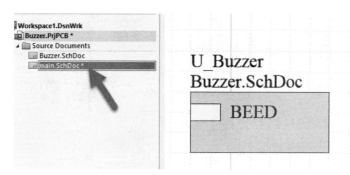

图 1-50　Buzzer 页面符

（4）在 Main.SchDoc 文件里建立多通道设置，进行其他器件的连接。以建立 4 个通道为例，多通道设置有以下两种方式：

① 在层次原理图建立一个通道就调用一次子图，如图 1-51 所示。

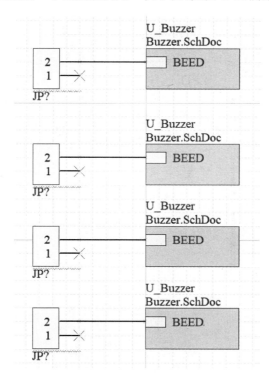

图 1-51　调用子原理图

② 使用 Repeat 语句创建多通道原理图。

使用 Repeat 关键字时，Designator 字段的语法为：Repeat（< ChannelIdentifier >，< ChannelIndex_1 >，< LastChannelIndex_n >），其中，ChannelIdentifier 表示子原理图的文件名称，ChannelIndex_1 表示通道开始值，**值得注意的是，此处必须从 1 开始。**LastChannelIndex_n 表示通道的终止值，代表有几个通道。

若有重复使用的信号，则其图纸入口的 Name 改为 Repeat（信号名）。

- 双击 Buzzer 页面符的 Designator 和重复信号的图纸入口，改为 Repeat 语句，如图 1-52 所示。

图 1-52　使用 Repeat 语句

- 上述修改好后，将其他的元件利用导线进行连接。绘制好的原理图如图 1-53 所示。

图 1-53　使用 Repeat 语句创建的原理图

（5）对器件标识符（位号）进行标注。执行菜单栏中"工具"→"标注"→"原理图标注"命令，如图 1-54 所示。在"标注"设置对话框中单击"更新更改列表"→"接收更改（创建 ECO）"按钮，如图 1-55 所示。

图 1-54　器件位号标注

图 1-55　创建 ECO

（6）设置各通道 ROOM 空间和标识符格式，便于从原理图的单个逻辑器件导入 PCB 的多个物理元件，即让 PCB 元件有唯一独立的标识符。执行菜单栏中"工程"→"工程选项"→Multi-Channel→"ROOM 命名类型"或者"位号格式"命令。用户可在这两个下拉列表框中选择合适的命名方式。修改好后，单击"确定"按钮，如图 1-56 所示。

注意：位号的命名格式，用户可自行使用可用关键词进行组合命名（$Component、$ChannelAlpha、$RoomName、$ChannelIndex 等软件组合里所包含的词）。

（7）对工程进行编译，以确保建立的层次原理图形成层次关系，所修改的 Room 名称和位号格式改变有效。执行菜单栏中"工程"→Compile PCB Project Buzzer. PrjPCB 命令编译工程后，如图 1-57 所示。在子原理图下方（本例的 Buzzer. SchDoc）将会出现几个

图 1-56　修改 Room 和位号格式

标签,一个标签对应一个通道,如图 1-58 所示。

(8) 编译之后,Messages 面板会出现"多个网络名称"错误,这是用多通道的特性形成的。解决这个错误提示的方法如下:

图 1-57　编译工程

① 执行菜单栏中"工程"→"工程选项"→Error Reporting→Nets with multiple names 命令将其设置为"不报告"。这不是首选的解决方法,因为它会忽略整个设计中对此类错误的所有检查。

② 在受影响的网络上放置一个 No ERC 标记 ✕ 。

图 1-58　编译后生成的标签

(9) 建立一个 PCB1.PcbDoc 文件,为原理图器件添加封装匹配,执行菜单栏中"设计"→Update PCB Document PCB1.PcbDoc 命令,如图 1-59 所示。

（10）导入 PCB 后，就可以看到有 4 路通道，如图 1-60 所示。每个通道都有一个 Room 区域，这个区域不能删除。

设计 (D) 工具 (T) Simulate 报告 (R) Windo

Update PCB Document PCB1.PcbDoc

图 1-59　原理图更新到 PCB　　　　　　图 1-60　导入的 4 路通道

在后面的布局中，先布好一路通道，然后选中，执行菜单栏中"设计"→Room→"拷贝 Room 格式"命令，这时光标变为十字形状，先单击已经完成布局的通道模块，再依次单击其他未布好的通道，将弹出"确认通道格式复制"对话框，进行如图 1-61 所示的设置（其他

图 1-61　"确认通道格式复制"对话框

参数可根据需要自行设置)。参数设置完毕,单击"确定"按钮即可快速地完成其他的通道布局。

至此,多通道设计完成。

1.2.4　线束的设计及应用

Altium Designer 19 可以使用 Signal Harnesses(信号线束)的方法来建立元件之间的连接,也可用于不同原理图间的信号对接。信号线束是一种抽象连接,操作方式类似于总线,但信号线束可对包括总线、导线和其他信号线束在内的不同信号进行逻辑分组,大大简化了电路图的整体结构,降低电路图的复杂性。

信号线束系统包含 4 个关键元素:线束连接器、信号线束、线束入口、线束定义文件(系统自动生成),如图 1-62 所示。

图 1-62　线束的组成

- 线束连接器:对不同信号线进行分组。其关键属性是"线束类型",线束类型标识线束,类似于元件标识符(位号),用于将构成信号线束的元素捆绑起来,包括连接的端口或图纸入口。
- 信号线束:表示合并不同信号的抽象连接,可连接到不同原理图及端口。
- 线束入口:对组成信号线束成员的定义。
- 线束定义文件:对信号线束的正式定义,包含线束类型和线束入口,定义内容存储在工程中的 Setting→Harness Definitions Files 文件中。

以线束类型为 USB_PHY 的信号线束建立网络连通性为例。

(1) 放置线束连接器。在原理图编辑界面中,执行菜单栏中"放置"→"线束"→"线束连接器"命令,或按快捷键 P+H+C,或者单击工具栏中的"放置线束连接器"图标 ,即可放置线束连接器,如图 1-63 所示。在放置线束连接器的状态下,按空格键可将其旋转方向,使之方便连接。放置完成后,单击线束连接器,可对其大小进行拉伸,以便放置后期的线束入口。

(2) 设置线束类型。双击线束连接器,在 Properties 选项中的 Harness Type 中设置线束类型(线束类型可以隐藏或者移动,以节省空间)。本例设置为 USB_PHY,如图 1-64 所示。

图 1-63　放置线束连接器

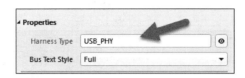

图 1-64　设置线束类型

（3）放置线束入口。执行菜单栏中"放置"→"线束"→"线束入口"命令，或按快捷键 P＋H＋E，或者单击工具栏中的"放置线束入口"图标 。然后对线束入口命名，并连接到相应的网络上，如图 1-65 所示。

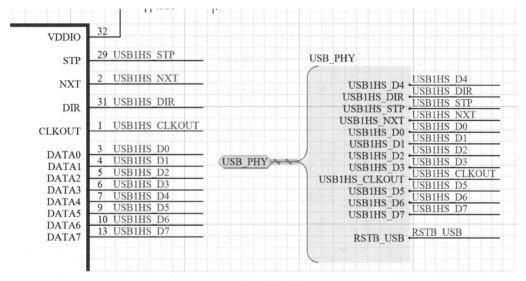

图 1-65　放置并修改线束入口

（4）放置信号线束。执行菜单栏中"放置"→"线束"→"信号线束"命令，或按快捷键 P＋H＋H，即可放置信号线束，同时将其连接到一个端口或者图纸入口。连接好的信号线束和端口如图 1-65 所示。

注意：将端口和信号线束连接到线束连接器后，端口的线束类型 Harness Type 会跟随信号连接器的线束类型自动设置为 USB_PHY，并且处于禁止设置的状态。同时，端口颜色会和信号线束的颜色匹配一致。若不希望颜色更改，可按快捷键 O＋P，打开"优选项"对话框，在 Schematic-Graphical Editing 页面中取消勾选"页面符入口和端口使用线束颜色"复选框，如图 1-66 所示。

（5）在另一页原理图上使用信号线束实现不同页原理图间的信号连接。依照上述方法进行线束连接，如图 1-67 所示。

（6）将原理图导入 PCB 中，即可看到 U14 和 U9 之间的连接，如图 1-68 所示。

图 1-66　设置页面符和端口默认颜色

图 1-67　信号线束连接

图 1-68　PCB中的信号连接

1.2.5　自定义模板的创建及调用

1.创建原理图模板

利用 Altium Designer 软件在原理图中创建自己的模板,可以在图纸的右下角绘制一个表格用于显示图纸的一些参数,例如文件名、作者、修改时间、审核者、公司信息、图纸总数及图纸编号等信息。用户可以按照自己的需求自定义模板风格,还可以根据需要显示内容的多少来添加或者减少表格的数量。创建原理图模板的步骤如下:

(1) 在 Altium Designer 原理图设计环境下,新建一个空白原理图文件,如图 1-69 所示。

(2) 设置原理图。进入空白原理图文档后,打开 Properties 面板,在 Page Options 下的 Formatting and Size 参数栏中选择 Standard 标签,取消勾选 Title Block 复选框,将原理图右下角的标题区块取消,用户可以重新设计一个符合本公司的图纸模板,如图 1-70 所示。

(3) 设计模板。单击工具栏中的"绘图工具"按钮 ,在弹出的下拉列表中单击"放置线条"按钮 ,开始描绘图纸信息栏图框(图框风格具体根据自己公司的要求进行设计。注意,不能使用 Wire 命令来绘制导线,建议将线型修改为 Samllest,颜色修改为黑色)。绘制好的信息栏图框如图 1-71 所示。

(4) 添加信息栏各类信息,这里放置的文本有两种类型,一种是固定文本,另一种是动态信息文本。固定文本一般为信息栏标题文本,例如,在第一个框中要放置固定文本

图 1-69　新建原理图文件

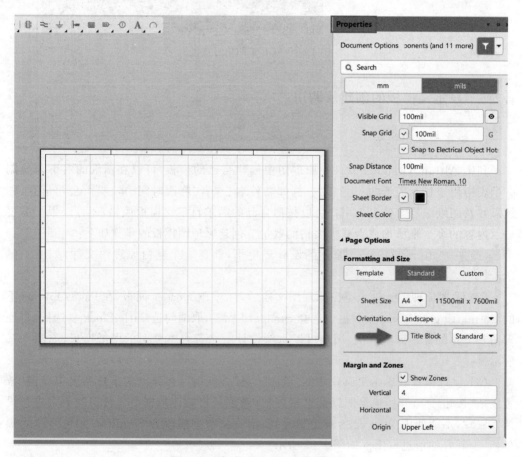

图 1-70　取消 Title Block 标题区块

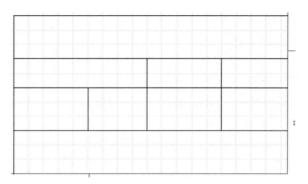

图 1-71　绘制好的信息栏图框

"文件名"，可以执行菜单栏中"放置"→"文本字符串"命令，待光标变成十字形状并带有一个文本字符串 Text 标志后，将其移动到第一个框中，单击即可放置文本字符串；单击文本字符串，将其内容改为"文件名"。

（5）动态文本的放置方法和前面固定文本的放置方法一致，只不过动态文本需要在 Text 下拉列表框中选择对应的文本属性。例如，要在"文件名"后面放置动态文本，可在加入另一个文本字符串后，双击该文本字符串，打开文本属性编辑面板，在 Text 下拉列表框中选择"＝DocumentName"选项，单击"确定"按钮后，在图纸上会自动显示当前文档的完整文件名，如图 1-72 示。

图 1-72　添加信息栏信息

Text 下拉列表框中的各项说明如下：

＝Current：显示当前的系统时间。

＝CurrentDate：显示当前的系统日期。

＝Date：显示文档创建日期。

＝DocumentFullPathAnName：显示文档的完整保存路径。

＝DocumentName：显示当前文档的完整文档名。

＝ModifiedDate：显示最后修改的日期。

＝ApproveBy：显示图纸审核人。

=CheckeBy：显示图纸检验人。

=Author：显示图纸作者。

=CompanyName：显示公司名称。

=DrawnBy：显示绘图者。

=Engineer：显示工程师，需在文档选项中预设数值，才能正确显示。

=Organization：显示组织/机构。

=Address1/2/3/4：显示地址 1/2/3/4。

=Title：显示标题。

=DocumentNumber：显示文档编号。

=Revision：显示版本号。

=SheetNumber：显示图纸编号。

=SheetTotal：显示图纸总页数。

=ImagePath：显示影像路径。

=Rule：显示规则。需要在文档选项中预设值。

图 1-73 为已经创建好的 A4 模板。

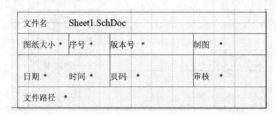

图 1-73　创建好的 A4 模板

（6）创建好模板后，执行菜单栏中"文件"→"另存为"命令，在弹出的对话框中输入文件名（在此保持默认设置），设置"保存类型"为 Advanced Schematic template（*.SchDot），然后单击"保存"按钮，即可保存创建好的模板文件，如图 1-74 所示。

图 1-74　保存模板

2. 调用原理图模板

（1）有了前面创建好的原理图模板后，如果想调用此模板，需打开"优选项"对话框，在 Schematic-General 页面中的"默认空白纸张模板及尺寸"选项组中单击"模板"下拉列表框，从中选择之前创建好的模板，如图 1-75 所示。设置好之后，下次新建原理图文件时软件就会调用自己建立的文档模板了（**注意**：要先设置好模板再新建原理图，系统才会调用自己建立的模板文件，否则都是软件默认的原理图模板）。

图 1-75　选择默认空白纸张模板

（2）在 Graphical Editing 页面中勾选 Display Names of Special Strings that have No Value Defined 复选框，否则特殊字符将不能够正常转换，如图 1-76 所示。

（3）将模板应用到原理图中后，要想特殊字符修改成需要的值时，在 Properties 面板中选择 Parameters 标签，找到对应的特殊字符，将其 Value 值改成想要的参数值即可，如图 1-77 所示。

（4）除了调用用户创建的模板外，还可以调用 Altium Designer 软件自带的模板。调用模板以及修改对应数值的方法与前面一致。

图 1-76　勾选转换特殊字符项

图 1-77　修改对话框中相应值

1.2.6　网络表比对导入 PCB

用户设计 PCB 的过程中,假设没有相应的原理图,只有第三方软件 Orcad 或 Pads 等所绘制的原理图,使用 Update Schematics in... 的常规导入方式显然不合适。Altium

Designer 支持使用第三方网络表比对导入。

网络表比对导入 PCB 的方法如下：

（1）新建一个工程文件，将需要进行比对的网络表和 PCB 文件添加到工程中，如图 1-78 所示。

（2）在工作区面板右击，从弹出的快捷菜单中执行"显示差异"命令，如图 1-79 所示。

图 1-78　添加网表和 PCB 文件到工程　　　　图 1-79　对比指令

（3）弹出"选择比较文档"对话框，勾选对话框左下角的"高级模式"复选框，在对话框左右两个区域中，分别选中要进行比对的 PCB 和网络表，如图 1-80 所示。

图 1-80　网络对比

（4）单击"确定"按钮，在弹出的 Component Links 对话框中，选择 Automatically Create Component Links 选项，如图 1-81 所示。在随后出现的 Information 对话框中单击 OK 按钮，如图 1-82 所示。

（5）然后，就能得到网络比对的结果，在"比对结果"对话框中任意区域右击，从弹出

图 1-81　Component Links 对话框

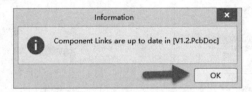

图 1-82　Information 对话框

的快捷菜单中执行 Update All in >> PCB Document[v1.2.PcbDoc]命令,之后单击左下角的"创建工程变更列表…"按钮,如图 1-83 所示。

图 1-83　选择变更命令

（6）此时，即可进入"工程变更指令"对话框，可以发现，这个对话框和直接使用的 Update Schematics in…打开的"工程变更指令"对话框一致，如图 1-84 所示。单击"执行变更"按钮，就可以将网络表导入 PCB 中。

图 1-84 "工程变更指令"对话框

1.2.7 器件页面符的应用

在使用 Altium Designer 进行电路原理图设计时，经常会遇到功能模块复用的问题，例如常用的 DC-DC 转换电路，在很多 PCB 设计中都会应用到，利用 Altium Designer 的器件页面符进行功能模块的复用可以提高设计效率。其使用方法如下：

（1）设置"器件页面符"路径。首先在硬盘上建立存储功能模块的路径（可以含有分类模块的子路径），然后在 Altium Designer 的优选项中进行器件页面符文件夹路径设置，如图 1-85 所示。

图 1-85 设置"器件页面符"路径

（2）打开原理图，绘制需要复用的功能模块原理图（以 DC-DC 转换电路为例），如图 1-86 所示。

图 1-86　绘制原理图

（3）绘制功能模块 PCB，可以包含相应的连线，如图 1-87 所示。

图 1-87　绘制功能模块 PCB

（4）建立原理图片段。选择原理图中需要复用的功能模块，右击，从弹出的快捷菜单中执行"片段"→"从选择的对象创建片段"命令，在弹出的对话框中输入功能模块的名称，并建立相应的分类子目录，如图 1-88 所示。

（5）建立 PCB 片段。选中 PCB 中相应的功能模块的全部器件（包括布线和铺铜等），右击，从弹出的快捷菜单中执行"片段"→"以选中的对象创建片段"命令，在弹出的对话框中输入功能模块的名称，并建立相应的分类子目录，在此注意原理图片段和 PCB 片段名称上的差别，如图 1-89 所示。

（6）在原理图中放置器件页面符。经过上述创建片段的过程，可以在任意原理图中引入做好的原理图片段。具体方法是：打开任意一个需要放置原理图片段的原理图文件，执行菜单栏中"放置"→"器件页面符"命令，然后选择相应的片段，如图 1-90 所示。

（7）在 PCB 中放置 PCB 片段。单击 PCB 编辑界面右下角的 Panels→"片段摘录"命令，打开"片段摘录"对话框，选中相应的 PCB 片段右击，从弹出的快捷菜单中执行"放置片段摘录"命令，将 PCB 片段放置到 PCB 中，如图 1-91 所示。

图 1-88　建立原理图片段

图 1-89　建立 PCB 片段

图 1-90　放置器件页面符

图 1-91　放置 PCB 片段

(8) 从图 1-91 可以看到从片段中放置出来的 PCB 电路是没有网络的,这时需要执行更新原理图信息到 PCB 的命令。按照常规的方法将原理图更新到 PCB,相应的网络即可更新到 PCB 中,如图 1-92 所示。至此,后面的步骤和普通的 PCB 绘制没有什么区别。

图 1-92　更新原理图信息到 PCB

1.2.8　原理图和 PCB 网络颜色同步

网络的颜色突出显示可以方便地查看原理图和 PCB 设计。设置原理图颜色可以突出显示多个网络,设计人员可以根据不同的颜色区分不同网络,并将网络颜色从原理图同步到 PCB。

(1) 执行菜单栏中"视图"→"设置网络颜色"命令,或者单击"连线"工具栏上的"网络颜色"按钮 ,此时光标将变成十字形状。

(2) 将光标放在要突出显示网络的网络对象上,然后单击或按 Enter 键。整个网络将以所选颜色突出显示,如图 1-93 所示。

图 1-93　设置网络颜色

（3）原理图检查无误后，导入 PCB 中，即可完成原理图和 PCB 网络颜色同步，如图 1-94 所示。

图 1-94   原理图网络颜色同步到 PCB

1.2.9   为原理图符号链接帮助文档

Altium Designer 允许在原理图中为原理图符号链接帮助文件，文件的类型有 PDF、HTML、WORD 和 TXT 文档等。

实现方法如下：

（1）打开原理图，双击要关联 Datasheet 的某个原理图符号后，弹出 Properties 面板，选择 Parameters 标签，如图 1-95 所示。

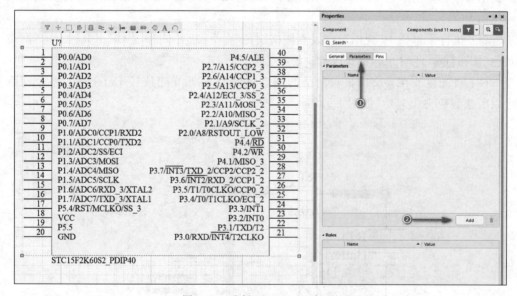

图 1-95   选择 Parameters 标签

（2）单击窗口右下角的 Add 按钮，添加参数，如图 1-96 所示。

（3）在对话框 Name 栏中输入关键字小写的 help 大写的 URL，然后在 Value 栏中把需要关联的文件存在的绝对位置以及文件名和文件扩展名输入其中，如图 1-97 所示。

图 1-96　添加参数

图 1-97　设置参数

（4）帮助文档添加完成后，在原理图中选中该元件符号，然后按快捷键 F1 即可打开链接的帮助文档。

1.2.10　原理图导出 PADS Logic 5.0 格式

Altium Designer 19 的原理图文件可以导出 PADS Logic 5.0 文件，在 PADS 软件中可以直接导出 PADS Logic 5.0 文件来实现原理图文件的转换。执行菜单栏中"文件"→"导出"→PADS Logic 5.0 命令，在弹出的"保存文件"对话框中选择文件的保存路径，如图 1-98 所示。

直接打开 PADS Logic，执行菜单栏中"文件"→"导入"命令，选择前面导出的 PADS Logic 5.0 文件，PADS Logic 可以直接转换打开，如图 1-99 所示。转换完成之后，仔细检查并确认原理图。

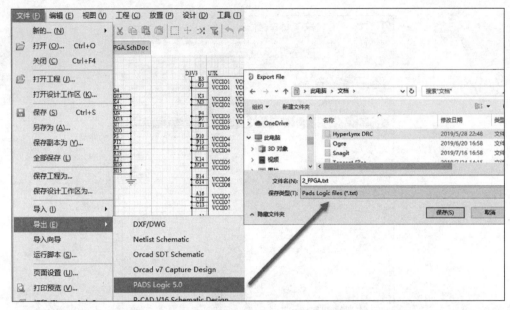

图 1-98　导出 PADS Logic 5.0 文件

图 1-99　导入 Altium Designer 原理图文件

1.2.11　原理图的屏蔽设置

在 Altium Designer 中绘制原理图时,可通过放置屏蔽区域将原理图上不用的元件或者电路以阴影的方式显示,即把这一部分元件或者电路屏蔽。在进行原理图编译或者更新原理图信息到 PCB 中时,这些在屏蔽区域内的对象将不会被执行,具体实现方法如下:

(1) 执行菜单栏中"放置"→"指示"→"编译屏蔽"命令,如图 1-100 所示。

图 1-100　放置编译屏蔽区域

（2）此时，光标变成十字形状，在原理图中绘制屏蔽区域，将原理图中不需要的元件或者电路进行屏蔽处理。灰色区域内的元件或者电路将不会起作用，编译或者更新到 PCB 时也不会起作用。如需激活此部分原理图，只需将屏蔽区域删除即可，如图 1-101 所示。

图 1-101　屏蔽部分电路

1.2.12　原理图设计片段的使用

Altium Designer 的片段功能可以很方便地重复使用一些单元模块,其中包括原理图的电路模块、PCB(包括布线)和代码模块。例如在工程中需要设计电源模块,而别的工程中又恰好有比较完善的电源模块,这时就可以通过片段功能重复地使用此模块,减少工作量。在原理图中使用片段的步骤如下:

(1)由于片段是独立的文件,需要在计算机硬盘中创建一个文件夹专门存放片段文件。然后在 Altium Designer 中,单击右下角的 Panels→"片断摘录"命令,打开"片段摘录"面板,如图 1-102 所示。

图 1-102　打开"片段摘录"面板

(2)单击"片段摘录文件夹…"按钮,将创建好的存放片段的文件夹添加进来,如图 1-103 所示。

图 1-103　添加存放片段的文件夹

（3）打开需要创建片段的原理图文件，选中将要用到的电路模块，右击，从弹出的快捷菜单中执行"片段"→"从选择的对象创建片段"命令，如图1-104所示。

图1-104　从选择的对象创建片段

（4）弹出Add New Snippet对话框，输入片段名称、注释，并选择存放片段的文件夹，添加完成后，单击"确定"按钮，如图1-105所示。同理，也可以在PCB文件中选中需要的电路模块，创建片段。

图1-105　添加新片段

（5）创建好原理图的片段后，就可以在其他的工程中使用这些片段。打开需要用到片段的原理图文件，单击右下角的Panels→"片断摘录"命令，选择相应的原理图模块，将其放置到合适的位置即可，如图1-106所示。

（6）放置的原理图片段如图1-107所示，与原来的原理图模块一模一样。若原理图模块中的元件位号还未标注，可以使用原理图的自动标注工具对其进行标注。

图 1-106　放置片段摘录

图 1-107　放置的原理图片段

(7) 在需要用到 PCB 片段的 PCB 文件中,也可以按照此方法进行片段的放置,最后再回到原理图中,执行 Design→Update PCB Document PCB. PcbDoc 命令,之后就可以正常使用此 PCB 模块。

1.2.13　元件符号库报告的使用

在原理图库编辑界面执行菜单栏中"报告"→"库报告"命令,弹出"库报告设置"对话框,如图 1-108 所示。

库报告设置

输出文件名 (N)

C:\Users\cyj\Desktop\Leonardo\Leonardo.doc

- ● 文档类型
- ○ 浏览器类型
- ☑ 打开生成的报告
- ☑ 添加生成的报告到当前工程

报告中包含
- ☑ 器件参数 (A)
- ☑ 器件管脚 (P)
- ☑ 器件模型 (M)

绘制预览
- ☑ Components
- ☑ 模型 (O)

设置 (E)
- ☑ 使用颜色 (U)

确定　取消

图 1-108　"库报告设置"对话框

在该对话框中设置报告所包含的参数,然后单击"确定"按钮,即可得到一份库报告文件,如图 1-109 所示。

Schematic Library Report

Library File Name	C:\Users\cyj\Desktop\Leonardo\Leonardo.SCHLIB
Library File Date/Time	2018Ī10ȡ26ü 1:55:56
Library File Size	130560
Number of Components	33
Component List	+5V, 4R-NCAY16, ATMEGA32U4-XUAU, ATMEGA32U4-XUMU, C-EUC0603, COM, CPOL-EUSMCB, CRYSTAL-3.2-2.5, DIODE-MINIMELF, DIODE-SMB, FIDUCIALMOUNT, GND, GND1, LEDCHIPLED_0805, L-EUL1812, LMV358MMX, LP2985-XXDBVR33, MC33269ST-3.3T3, MYCON2_USB-MINI-B, NE555, PINHD-1X10, PINHD-1X6, PINHD-1X8, PINHD-2X3, PMOSSOT23, POWERSUPPLY_DC21MMX, R-EU_R0402, R-EU_R0603, TP_SP, TS42, VARISTORCN0603, VUSB, WE-CBF_0805

Library Reference	+5V
Description	
Kind	Standard
Aliases	Component has no aliases
Designator	P+?
Number of Parameters	1
Number of Pins	1
Number of Models	Component has no models

图 1-109　原理图库报告文件

1.3 PCB 高级功能

1.3.1 BGA 封装的制作

PCB 设计过程中,通常会涉及一些特殊的器件类型,其中,BGA 类型的芯片最为常见,本节以 TFBGA282 为例,演示 BGA 封装的制作过程。图 1-110 为 TFBGA282 的规格书。

图 1-110　TFBGA282 规格书

(1) 利用 IPC 封装向导制作 BGA 类型的封装。打开 PCB 库文件,执行菜单栏中"工具"→IPC Compliant Footprint Wizard...命令,如图 1-111 所示。

(2) 在弹出的"向导"对话框中单击 Next 按钮,进入 Select Component Type 对话框,选择 BGA 器件类型,接着单击 Next 按钮,如图 1-112 所示。

(3) 根据规格书,依次输入相关数据(单位选择公制单位),接着单击 Next 按钮,如图 1-113 所示。

(4) 在 BGA Package Layout Options 和 BGA Pads Diameter 设置对话框中一直单击 Next 按钮,保持系统默认值,到 BGA Silkscreen Dimensions 丝印设置对话框时,将丝印线宽设置为 0.2mm(通常设置为 0.2mm 或 5mil),之后继续单击 Next 按钮,如图 1-114 所示。

图 1-111　打开 IPC 封装向导

图 1-112　器件类型选择

图 1-113　数据输入

（5）依然保持默认，一直单击 Next 按钮，直到出现 successfully completed the wizard 最后一步单击 Finish 按钮。完成 BGA 封装的制作，如图 1-115 所示。

（6）通过观察规格书可以发现，BGA 内部分管脚是不存在的，所以需要手工移除规格书中不存在的管脚，最终效果如图 1-116 所示，至此，BGA 的封装制作完成。

图 1-114 丝印线宽设置

图 1-115 完成 BGA 封装制作

图 1-116 BGA 最终效果

1.3.2 BGA 的扇出方式

1. 软件自动扇出方式

在进行 PCB 设计时,常会遇到 BGA 类型的封装,此类封装需要扇出用于后期的布线。BGA 扇出与否的比对如图 1-117 所示。

图 1-117 未扇出与已扇出 BGA 比对

(1) 在进行利用软件自动扇出 BGA 操作之前,需满足以下要求:

① 选择合适的线宽、安全间距及过孔大小,即设置好线宽、间距、过孔大小等规则。

② BGA 内部没有任何对象,例如走线或者过孔等。

(2) 在满足上述要求之后,将光标悬放到器件上,右击,从弹出的快捷菜单中执行"器件操作"→"扇出器件"命令,如图 1-118 所示。或者执行菜单栏中"布线"→"扇出"→"器件"命令,如图 1-119 所示,就可以弹出对应的设置对话框,如图 1-120 所示。

图 1-118 扇出指令 1

(3) 在"扇出选项"对话框中,各命令作用如下:

① 无网络焊盘扇出:没有网络的焊盘不扇出。

② 扇出外面 2 行焊盘:BGA 处于外面两行的焊盘扇出。是否勾选状态如图 1-121 所示。

图 1-119　扇出指令 2　　　　　　　　　　　图 1-120　"扇出选项"对话框

图 1-121　扇出外面 2 行焊盘属性是否勾选状态

③ 扇出完成后包含逃逸布线：扇出并从 BGA 引线出来(此项不建议勾选,因为 GND 和 Power 等线也会被引出来,占据引线空间,这是用户所不希望的),如图 1-122 所示。

④ Cannot Fanout using Blind Vias：无盲埋孔扇出。

图 1-122　扇出逃逸

2. 手工扇出方式

（1）按快捷键 Ctrl＋M 测量 BGA 焊盘中心间距，以确定扇出所用过孔尺寸，如图 1-123 所示。

图 1-123　测量 BGA 焊盘管脚中心间距

（2）根据不同的管脚中心间距，可以参考表 1-1 所示标准设置过孔尺寸。焊盘中心间距值小于 0.5mm 的 BGA 需采用盲埋孔设置。

表 1-1　根据管脚间距确定过孔尺寸

管脚中心间距/mm	扇出过孔尺寸/mm	管脚中心间距/mm	扇出过孔尺寸/mm
1.00	0.6×0.3	0.65	0.35×0.20
0.80	0.4×0.2	0.50	0.2×0.1（激光孔）

（3）将过孔放置在其中一个焊盘中间，然后选中过孔，按快捷键 M，在弹出的快捷菜单中执行"通过 X，Y 移动选中对象…"命令，如图 1-124 所示。

图 1-124　通过 X，Y 移动选中对象…

（4）根据测量的管脚中心间距，确定 X/Y 偏移量，将过孔移动到 BGA 焊盘与焊盘的中心位置，如图 1-125 所示。

图 1-125　移动过孔到焊盘与焊盘中心位置

（5）将过孔与焊盘用导线连接起来，然后复制已经扇出的过孔和导线粘贴到其他焊盘完成扇出即可，如图 1-126 所示。

图 1-126　BGA 手工扇出

1.3.3　多种规格 BGA 的出线方式

（1）BGA Pitch 0.8mm 出线

设计参数：

Pitch 间距：0.8mm。

Via 大小：8/16mil、10/18mil。

走线线宽：阻抗线宽 5～6mil。

要点：

① 规则的设置：线宽、间距、过孔、铺铜方式等；②创建 Class，模块化布线；③先完成布线，再优化走线，DRC 检查；④0.8mm 间距的 BGA 2 个焊盘间能过一根线，可以通过添加层来布线。

（2）BGA Pitch 0.65mm 出线

设计参数：

Pitch 间距：0.65mm。

Via 大小：8/16mil、8/14mil。

走线线宽：阻抗线宽 3.937～5mil。

要点：

0.65mm BGA 2 管脚之间只能通过 0.1mm 线宽的走线。

（3）BGA Pitch 0.5mm 出线

设计参数：

Pitch 间距：0.5mm。

Via 大小：盲埋孔 4/10mil。

走线线宽：阻抗线宽 3～3.5mil。

要点：

① 盲埋孔的定义，层叠管理器（按快捷键 D＋K）设置；②放置不下极限普通过孔 8/14mil；③盲埋孔可以打在焊盘的中心。

1.3.4 蛇形线的等长设计

在 PCB 设计中，网络等长调节目的就是为了尽可能地降低信号在 PCB 上传输延迟的差异。在 Altium Designer 中实现网络等长调节的方法如下：

（1）在 Altium Designer 中网络等长调节可通过蛇形走线实现，在进行蛇形等长之前需要完成 PCB 相应走线的连通，然后执行菜单栏中"布线"→"网络等长调节"命令，或者按快捷键 U＋R，单击需要等长的走线并按 Tab 键调出"等长属性设置"面板，如图 1-127 所示。

图 1-127 蛇形等长设置

① Target Length 提供如下三种目标长度类型：

Manual：手工设置等长目标长度。

From Net：依据网络选择等长目标长度。

From Rules：依据规则设置目标长度。

② Pattern 提供如下三种等长模式：

Mitered Lines：斜线条模式。

Mitered Arcs 斜弧模式。

Rounded：半圆模式。

三种蛇形等长模式的效果如图 1-128 所示，一般采用斜弧模式。

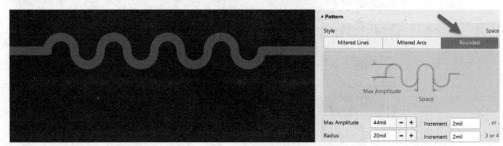

图 1-128　三种蛇形等长模式

（2）等长参数设置完毕之后，在需要等长的信号线上滑动即可拉出蛇形线。在等长的状态下，按键盘上的<和>键可以分别调整蛇形线的上下振幅，数字键 1 减小拐角幅度，数字键 2 增大拐角幅度，数字键 3 减小 Space 间距，数字键 4 增大 Space 间距。

（3）在完成一段蛇形等长之后，如果需要调整蛇形线可以用鼠标拖动调制线进行调整，如图 1-129 所示。

差分对蛇形线等长类似于单端蛇形等长，执行菜单栏中"布线"→"差分对网络等长

图 1-129　蛇形线的调整

调节"命令，或按快捷键 U＋P，单击需要等长的差分对并按 Tab 键调出"差分对等长设置"面板，设置方式类似于单端等长的设置，如图 1-130 所示。

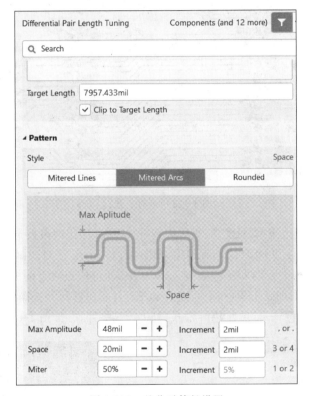

图 1-130　差分对等长设置

1.3.5　DDR 的等长分组

DDR 进行布线分组一般分为数据组和地址组两类。

数据组：数据线每 8 根一组（D0～D7/D8～D15），外加相应的 DQS（数据锁存）差分对和 DQM（数据掩码）。注：DDR 数据线用 DQS 来锁存，数据线布线优先级最高。

地址组：包含地址线（A0～A14）、时钟线（CLK、CLKN）以及控制线（BA0、BA1、BA2、WE、CAS、ODT、RESET、CKE、RAS、CS 等）。注：地址、控制线需以 CLK 为基准线进行等长处理。CLK 控制数据信号的采集，因此要比最长的数据线长。

1.3.6 等长的拓扑结构

1. 点对点连接

点对点连接,即一个焊盘连接到另一个焊盘,连接通道上是相对唯一的,主要是针对单片 DDR 而言,如图 1-131 所示。

图 1-131　点对点连接

点对点的等长较为简单,只需在 Nets 中查看长度,参照组内最长走线进行等长即可,如图 1-132 所示。若主控和 DDR 之间有排阻,如图 1-133 所示。等长时可备份一个原理图文件,然后修改原理图,将电阻两端短接,导入 PCB 中,即可按点对点的方式等长。等长完成后,再把备份的原理图加到工程中,重新导入 PCB。注:在进行等长操作时,可使用 PCB 面板中的筛选工具,选择 Mask 或者 Dim 模式,可进行高亮操作,如图 1-134 所示。

图 1-132　长度对比

图 1-133　DDR 有排阻

2. T 型拓扑结构

DDR2 及之后系列与 DDR 相比,少了延时补偿技术,为了不使每片 DDR2 的时钟线和数据选通信号的长度误差太大,一般可采用 T 型结构进行绕线等长。

T 型等长,简易结构如图 1-135 所示。实际上就是让 CPU 到每一个 DDR 的走线长度相等,T 点两边的分支走线要求尽可能短,长度尽可能相等,如图 1-136 所示。实现 A+A1=A+A2=B+B1=B+B2。

图 1-134　筛选工具

远端分支(星型/T型)

—— 数据线时钟线　　—— 地址控制线

图 1-135　T 型结构

图 1-136　T 型绕线等长

3. 菊花链拓扑结构

菊花链的结构相对比较简单,阻抗也比较容易控制,其简易结构如图 1-137 所示。从图中可看出,信号是在相邻两个元件之间进行传输的,从 CPU 到第一片 DDR,再到第二片 DDR。实际连接图如图 1-138 所示,实现 A=B,A1=B1。

注：经仿真验证，当 DDR 速率跑到 1.6Gb/s 时，相对 T 型连接，菊花链更能满足信号完整性要求。

图 1-137　菊花链结构

图 1-138　菊花链绕线等长

1.3.7　xSignals 等长功能

Altium Designer 的线长规则 Net Length 只能针对同一网络，无法对同一网络中某一段路径进行长度显示及调试，而 xSignals 可以解决这类问题，即 xSignals 可以定义两个节点(焊盘)之间的信号路径，无论这两个节点是否是同一网络。创建 xSignals 等长有两种方式，一种是手动创建，另一种是向导创建。

1. 手动创建 xSignals

(1) 多片 DDR 之间的连线连接完之后，先将要使用 xSignals 的网络设置为一个NetClass(本小节以 DDR_A 网络类为例)。单击 PCB 编辑器右下方的 Panels 选项打开PCB 面板，在 PCB 面板设置为 xSignals 选项，如图 1-139 所示。

（2）执行菜单栏中"设计"→"xSignal"→"创建 xSignals"命令，或按快捷键 D＋X＋X，如图 1-140 所示，将会弹出 xSignals 的创建对话框。

图 1-139　PCB 面板

图 1-140　创建 xSignals

（3）在 xSignals 创建对话框中，左侧选择第一个匹配的器件位号（一般为 CPU 器件），右侧选择第二个匹配的器件位号（此处可多选），在 NetClass 处选择之前创建的网络类，然后单击"分析"按钮，等待软件创建 xSignals 即可，如图 1-141 所示。

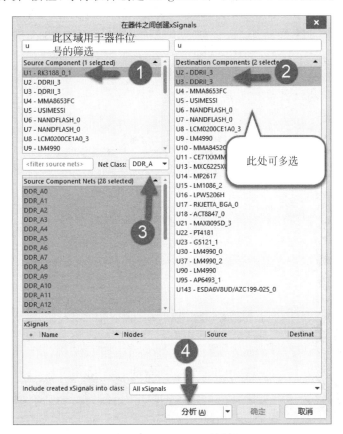

图 1-141　xSignals 对话框

（4）xSignals 创建完成之后，软件会自动分析出相应的网络添加到 PCB 面板中，单击"确定"按钮，即可完成创建。创建成功的 xSignals 如图 1-142 所示。

2. 利用向导创建 xSignals

（1）执行菜单栏中"设计"→"xSignal"→"运行 xSignal 向导"命令，如图 1-143 所示。在弹出的"向导"对话框中单击 Next 按钮，如图 1-144 所示。

图 1-142　成功添加 xSignals

图 1-143　运行 xSignal 向导

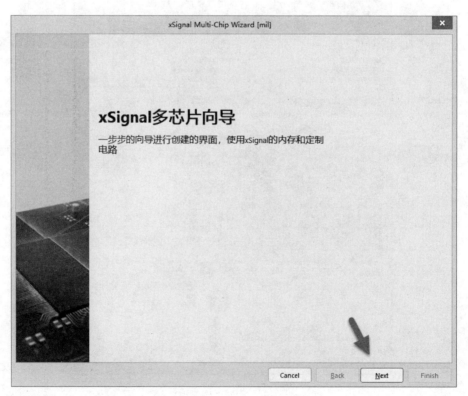

图 1-144　"向导"对话框

（2）进入 Select the Circuit 对话框，选择应用的电路模式，并设置相应的长度误差。填写完后单击 Next 按钮，如图 1-145 所示。

图 1-145　Select the Circuit 对话框

① On-Board DDR3/DDR4：包含 DDR3、DDR4 这类存储器(本小节以此为例)。

② USB3.0：板内有 USB3.0，可处理用户制定的每个控制器到连接器之间差分对的所有 USB3.0 的通道。

③ Custom Multi-Component Interconnect：自定义选择类型。用于在所选的目标组件之间定义多个 xSignals。

④ 数据总线宽度：用于选择数据为类型，一般为 8 或者 16，以 DDR 类型为准。

⑤ Address/Cmd/Ctrl 匹配长度的公差：地址/控制线的匹配误差，一般为 100mil，具体应参考 DDR 的设计要求，用户可自行设置小一些。

⑥ 数据字节通道匹配长度公差：数据线之间的误差，一般为 50mil，具体应参考 DDR 的设计要求，用户可自行设置小一些。

⑦ 差分对中的时钟长度公差：差分时钟的误差，一般为 5mil。

(3) 根据需要选择建立 xSignals 的组件，接着单击 Next 按钮，如图 1-146 所示。

(4) 根据需要设置地址组的拓扑结构及相应的类名称。单击 Analyze Syntax & Create xSignal Classes→按钮后，对话框右侧会分析出对应的地址线，如图 1-147 所示。继续单击 Next 按钮。

(5) 设置数据线的匹配参数。与步骤(4)类似，之后会分析出相应的数据线，如图 1-148 所示(若不需要建立数据线的 xSignal 关系，此页面可不设置)。单击 Finish 按钮，即可看到 xSignal 编辑器出现相应分类，如图 1-149 所示。

图 1-146　选择器件

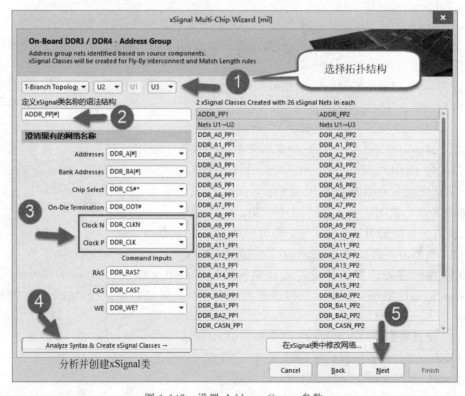

图 1-147　设置 Address Group 参数

图 1-148　设置 Data Group 参数

图 1-149　xSignal 生成

1.3.8　From to 等长功能

（1）本小节使用 Altium Designer 09 截图演示。打开 PCB 面板，将 PCB 下拉列表框选定为 From-To Editor，如图 1-150 所示。

（2）以 T 型连接的双片 DDR 为例。选中需要进行等长的网络，如 DDR_A0，则下方会弹出该网络所对应的网络节点，如图 1-151 所示。

（3）同时选中 CPU 和第一片 DDR 的节点，例如"U1-A11"和"U2-N3"，单击 Add From

To DDR_A0(U1-A11：U2-N3)按钮，如图 1-152 所示，即可得到一个分支的 From to 路线。同样的方式建立另一分支的 From to 路线。建立好的 From to 路线如图 1-153 所示。

图 1-150　From-To 编辑器

图 1-151　网络节点

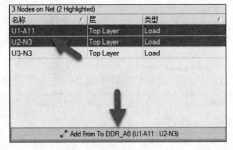

图 1-152　建立 From to 路线

图 1-153　建立好的 From to 路线

（4）由图 1-153 的"路线"一栏中看出，创建好的 From to 路线分别代表 CPU 到每一片 DDR 焊盘的距离。通过数据比对及绕线可实现对左右分支的等长控制。

1.3.9　PCB 多板互连装配设计

许多产品包括多个互连的路线印制电路板，将这些电路板放在外壳内并确保它们正确连接是产品开发过程中的一个具有挑战性的阶段。是否已在每个连接器上正确分配网络？连接器是否正确定位？插件板是否装在一起？所有连接的电路板是否都适合机箱？产品开发周期后期的一个错误将会使得成本高昂，无论是重新设计的成本还是推迟上市的成本。

为了解决这一问题，需要一个支持系统级设计的设计环境。理想情况下，这将是一个设计空间，可以在其中定义功能或逻辑系统，以及可以将各种板插在一起并验证它们在逻辑上和物理上都能正确连接的空间。

Altium Designer 19 为电子产品开发过程带来了系统级设计。整个系统设计在 Altium Designer 中作为多板项目创建。在该项目中，逻辑系统设计是通过将模块放置在多板原理图上来制定的，其系统中的每个物理板由模块表示。每个模块都参考各个模块中的 PCB 和原理图。

一旦模块在多板原理图上相互连接,就可以验证板到板的连接。这将检测网络到引脚分配错误和引脚到引脚的互连布线错误。可以解决这些错误并将修改信息更新到对应的 PCB 中,或者重新更新到源系统原理图。

印制电路板不是孤立存在的,它们通常与其他板组装在一起,并且板的组件容纳在壳体或外壳内。Altium Designer 的多板装配功能有助于完成设计过程的这一阶段,多板装配编辑器允许单独的板旋转、对齐并相互插入。它还允许将其他零件(包括其他板、组件或 STEP 格式 MCAD 模型)导入并定位到装配中。

前面是关于 Altium Designer 多板装配的介绍,下面将通过一个案例演示在 Altium Designer 19 中如何实现多板装配。

(1) 首先创建多板项目(*.PrjMbd)。打开 Altium Designer 软件,执行菜单栏中"文件"→"项目"→Multiboard 命令,新建一个多板项目并选择一个项目的存放路径,单击 Create 按钮即可创建一个多板项目,如图 1-154 所示。

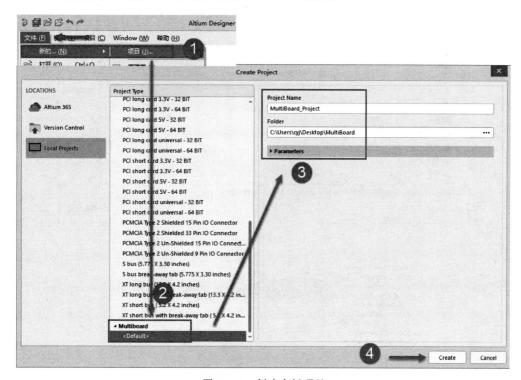

图 1-154　创建多板项目

(2) 添加需要装配的子项目到多板项目中。打开 Projects 面板,在新建的 MultiBoard.PrjMbd 工程文件上右击,从弹出的快捷菜单中执行"添加已有文档到工程"命令,添加需要的多板子项目到多板工程中,如图 1-155 所示。

(3) 创建多板原理图。构成多板系统设计的 PCB 项目之间的连接是通过在多板原理图上放置模块,并使用虚拟连线/线缆/线束将各个模块连接在一起建立的。新建多板原理图的方法如图 1-156 所示,多板原理图文件后缀名为.MbaDoc。

(4) 放置代表子 PCB 项目设计的模块。执行菜单栏中"放置"→"模块"命令放置在工作区中,或者在编辑器的 Active Bar 中单击 Module 图标 ,如图 1-157 所示。

图 1-155　添加装配子项目

图 1-156　新建多板原理图

图 1-157　放置模块

　　(5) 设置模块参数。选择放置的模块,并使用 Properties(属性)面板定义其"Designator (指示符)"和"Title(标题)"以及模块链接到的源 PCB 设计项目,该源项目可以设置为本地文件(即前面需要装配的多板子项目)或基于服务器的管理项目,如图 1-158 所示。

图 1-158　设置模块参数

（6）设置多板子项目源原理图文件的连接关系。代表多板系统设计中的子板设计的 Altium Designer PCB 项目将包含特定连接，例如边缘连接器或插头插座/插座，作为系统设计中其他 PCB 的电气和物理接口。这些连接及其相关的网络需要通过多板原理图（逻辑）设计文档进行检测和处理，以在系统级设计中建立板间连接。

通过在源 PCB 项目的原理图中设置特定元件的参数来建立板间连接，对于多板装配设计中具有连接关系的每个连接器，需要在源 PCB 项目中的原理图中选择相应的连接器部件，然后在"Properties（属性）"面板的"Parameters（参数）"标签下添加特殊的参数值，如图 1-159 所示。

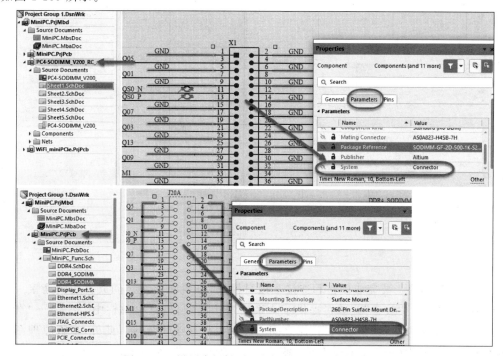

图 1-159　设置多板子项目源原理图文件的连接关系

(7) 导入子项目数据。前面准备工作完成后,接下来通过执行菜单栏中"设计"→"从子项目导入"命令,或者执行菜单栏中"设计"→"从选定的子项目导入"命令导入项目数据,模块中包含了其链接的 PCB 项目设计中的设计数据。最重要的是,它处理来自子项目中具有 System：Connector 附加特殊参数的每个连接器的 Pin 和 Net 数据。执行导入命令后,弹出工程"变更指令"对话框,单击"执行变更"按钮,如图 1-160 所示。导入完成后,将在各自的模块图形上为每个连接器自动创建模块 Entry。连接器 Entry 与子项目中的连接器上的引脚和网络主动关联,如图 1-161 所示。

图 1-160　"工程变更指令"对话框

图 1-161　导入子项目数据

(8) 连接模块。要完成创建和连接子项目模块,需要在模块之间放置逻辑连接。多板原理图编辑器的"放置"菜单栏提供了一系列连接类型,执行菜单栏中"放置"→"直接连接"命令,单击并拖动"模块入口"点之间的连线以创建逻辑连接。此外,多板原理图编辑器中的所有元素(包括 Entry 对象)都可以拖动到新位置,如图 1-162 所示。

图 1-162　连接模块

（9）新建多板装配文档。执行菜单栏中"文件"→"新的"→"多板装配"命令，新建一个多板装配文档并保存到多板项目中，如图 1-163 所示。

图 1-163　新建多板装配图

（10）将多板装配设计更新到多板装配文档。打开新建的多板装配文档，在其编辑环境下执行菜单栏中"设计"→Import Changes From MultiBoard_Project. PrjMbd 命令，弹出"工程变更指令"对话框，询问多板原理图中的每个模块，识别为每个子 PCB 项目选择的 PCB，并显示将每个板添加到其中所需的修改列表，如图 1-164 所示。

单击"执行变更"按钮后，多板 PCB 将加载到多板装配编辑器中，每块电路板都放置在工作空间中，如图 1-165 所示。

（11）在工作区定位视图。当第一次将多板 PCB 加载到多板装配编辑器中时，它们整齐地放在同一平面上，可以将它们想象成在虚拟桌面上彼此相邻布局。接下来的装配步骤需要用户移动 PCB，这时就会发现一个问题，在多板装配过程中，板子需要移动、旋转、拉近的操作，最终可能会不确定板子往哪个方向移动了，因此，需要掌握视图的定位。

图 1-164　显示将每个板添加到所需的修改列表

图 1-165　多板装配电路板

在多板装配编辑器工作区左下方是红色/绿色/蓝色轴标记,称为工作区 Gizmo。当选择一个板子时,会出现另一个 Gizmo,称为对象 Gizmo,使用 Gizmo(彩色箭头/平面/圆弧)控制工作区的视图以及工作区内对象的方向,如图 1-166 所示。

工作区 Gizmo 用于将视图的方向更改为工作区。每个工作空间轴及其对应的平面都分配了一种颜色:

- 蓝色箭头——Z 轴,可在 XY 平面中查看。可以将其视为顶视图或底视图。
- 红色箭头——X 轴,查看 YZ 平面。可以将其视为前视图或后视图。
- 绿色箭头——Y 轴,查看 XZ 平面。可以将其视为左视图或右视图。

按快捷键 Z,或单击工作区 Gizmo 上的蓝色,将视图重新定向为俯视 Z 轴,直接接入 XY 平面。再次单击蓝色可从相反方向查看,或使用 Shift+Z 快捷键。

按快捷键 X,或单击工作区 Gizmo 上的红色,将视图重新定向为俯视 X 轴,直接进入 YZ 平面。再次单击红色可从相反方向查看,或使用 Shift+X 快捷键。

按快捷键 Y,或单击工作区 Gizmo 上的绿色,将视图重新定向为俯视 Y 轴,直接进入 XZ 平面。再次单击绿色可从相反方向查看,或使用 Shift+Y 快捷键。

图 1-166　红色/绿色/蓝色轴标记

对象 Gizmo 用于将调整 PCB 方向和位置。

当用户单击其中一块 PCB 时,它将以选择颜色突出显示(默认为绿色),并且将出现彩色方向线和弧,如图 1-167 所示。这些彩色线条和弧线统称为对象 Gizmo,用户可以单击并拖动以移动或重新定向该板。

显示"对象 Gizmo"时,单击并按住:

- 对象 Gizmo 箭头:沿对象轴移动对象。

图 1-167　对象 Gizmo

- 对象 Gizmo Arc：围绕该对象轴旋转对象。在旋转期间，只要对象轴与工作空间轴对齐，就会有轻微的黏性。
- 选定对象：在当前视图平面上移动对象。由于当前视图平面是由当前具有面向视图的方式定义的，如果使用此技术移动对象，则很难预测对象在三维空间中的位置。

（12）进行多板装配。利用前面介绍的在工作区定位 PCB 视图的方法，将多板 PCB 进行装配，装配完成后的效果如图 1-168 所示。

图 1-168　完成多板 PCB 装配后的效果

（13）将其他对象添加到多板装配中。除了多板原理图中引用的 PCB 之外，还可以将其他对象加载到多板组件中。通过"设计"菜单栏中的命令，可以将另一块 PCB 插入此组件中，或者将另一个多板组件插入此组件中，还可以将 STEP 格式机械模型插入此装配中，如图 1-169 所示。

图 1-169　将其他对象添加到多板装配中

1.3.10　ActiveBOM 管理

选择良好的元件是每个电子产品成功的基础，因此工程师应该如何选择最合适的元件？选择的元件不仅需要满足必要的技术要求，还必须考虑价格、是否有货、交货时间以及装配和测试阶段对该元件的要求。选择错误的元件可能代价高昂：不仅将增加最后的单价，而且可能影响产品的交付计划，甚至决定产品在市场上的最终成败。

ActiveBOM是功能强大的物料清单管理编辑器，它将全面的BOM管理工具与Altium强大的部件信息聚合技术结合在一起，帮助用户管理元件选择挑战。无论如何，最终设计中使用的每个元件必须具有详细的供应链信息。以前，工程师不得不在创建元件库或原理图设计过程中将供应链信息添加到每个元件中，或者对其设计BOM进行后处理，以便随后添加供应链信息。在最新发布的ActiveBOM版本中，此约束已不复存在。目前，可以在设计期间随时将供应链信息添加到元件；也可以直接将供应链信息输入BOM中而非原理图元件中。

这种将供应链详细信息直接输入BOM中的功能改变了BOM文档在PCB项目中的作用。不再只是简单地输出文件，ActiveBOM提供了元件管理过程，使其与原理图设计和PCB设计过程同时进行，其中ActiveBOM的BOM文档成为PCB项目所有BOM数据的来源并应用于所有BOM类型的输出。

除了布局在原理图中的元件，其他元件和特定的BOM数据也可直接添加到ActiveBOM中，例如，待详细说明的元件、紧固件、空白板或安装胶水。也可以添加自定义列，包括特定的"行"号列，支持自动和人工编号，具有全文复制/粘贴功能。

对于包含制造商信息的设计元件，ActiveBOM可通过Altium Cloud Services访问详细和最新的供应链信息。本功能不仅限于来自托管内容服务器的元件，还支持"链接供应商"的元件，以及在参数中已有合适的制造商详细信息的元件。ActiveBOM在上面列出BOM中的"条目"列表，而所选"条目"的供应链状态显示在下面，如图1-170所示。

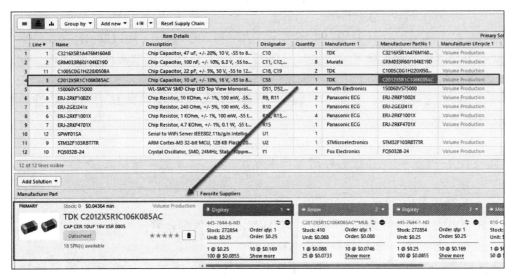

图 1-170　ActiveBOM

下面介绍在 Altium Designer 19 中使用 ActiveBOM 进行 BOM 管理的方法。

1）创建 BOM 文档

用于 ActiveBOM 的 BOM 文档也称为 BomDoc。执行菜单栏中"文件"→"新的"→

ActiveBOM Document 命令,或者在 Projects 面板中右击项目,从弹出的快捷菜单中执行"添加新的...到工程"→ActiveBOM Document 命令,将新的 BOM 添加到该项目。注意,每个 PCB 项目只能包含一个 BomDoc。

在将新的 BomDoc 添加到项目时,原理图将自动编译并且将现有的元件列入 BomDoc 中。如果有可用的供应链数据,合适的制造商元件将详述于界面下方区域。如果有另外的元件被放在原理图上,这些元件将自动添加到 BomDoc 中。通过单击位于元件列表上方的 Add new 按钮,还可直接将其他 BOM 条目和其他参数手动添加到 ActiveBOM 中。

2) BOM 条目列表

BomDoc 的上方区域是一张表格列表,其中包括在 PCB 设计项目中检测到的所有元件以及直接添加到此 BomDoc 中的所有其他 BOM 条目。此区域也称为 BOM 条目列表,如图 1-171 所示。

图 1-171　显示在"基本"视图中的 BOM 条目列表

有 3 种视图模式可用于展示 BOM 条目,单击表格中的按钮选择所需的模式。

① ≡ Flat view:每个元件占一行。

② 🖧 Base view:项目中每个不同元件占一行,Designator 列列出了此类型所有元件的标号。多个展示选项可用于对标号进行分组,在属性面板中选择需要的标号分组模式。

③ ⬚ Consolidated view:当项目包含变量时,使用该视图显示所有变量的合并 BOM。

元件清单支持多个类似于数据表的编辑功能,包括:

- 使用 Properties 面板的栏制表符来显示/隐藏栏并定义该栏的别名,如图 1-172 所示。
- 拖动或下拉,以更改栏的顺序。
- 按照任一栏分类,按住 Shift 键,在随后的栏上再次分类。
- 使用标准 Windows 选择方法选择单元格。
- 从 ActiveBOM 中复制单元格内容,将值从外部数据表编辑器粘贴到定制 ActiveBOM 栏中。
- 单击基础视图中的"设置行号"按钮 ⬚｜▾,对每一行添加行号。单击按钮右侧的下三角按钮,打开"行号选项"对话框,在此定义起始值和增量值。
- 单击"添加"下拉菜单中的 Add new ▾ 按钮,添加新的行或栏。

图 1-172　显示/隐藏栏并定义 BOM 标题栏的别名

3）自定义 BOM 条目和列

PCB 设计项目的 BOM 管理要求对布局在原理图和 PCB 之外的元件和 BOM 条目进行管理。在 PCB 设计项目中，有许多使用自定义 BOM 条目或参数的情况。对于这些情况，ActiveBOM 支持添加其他 BOM 条目和列（参数），随后可将这些条目和列纳入生成的BOM 中。单击"添加"下拉菜单中的 Add new ▾ 按钮，自定义 BOM 条目和列，如图 1-173 所示。

- Managed component…：管理元件。
- Custom item：附加的 BOM 条目，通常针对那些可能会需要但尚未完全了解或不存在元件库中的条目。可使这些条目的成本计入板的总成本估算中。
- Custom row：可以简单地添加需要在设计中考虑的自定义 BOM 条目（裸板、胶水等）。自定义行中的所有字段均由用户限定。自定义行不受 ActiveBOM 管理，例如，将器件数量设为 3，在"平面"视图中不会显示 3 个独立的条目。自定义行也不支持供应链搜索。

图 1-173　自定义 BOM
条目和列

- Custom column：附加的 BOM 列，托管在 ActiveBOM 中，可包含任何用户定义的文本。

4）数据源

ActiveBOM 中可用的默认数据源是原理图元件参数以及托管"条目"的保险库元件参数。根据这些数据源，ActiveBOM 生成主要的项目 BOM 条目表格。在 ActiveBOM 的属性面板 Columns 标签中，可启用数据源并控制数据源的显示，如图 1-174 所示。

- ▣ PCB Parameters：针对每个元件，使其将 PCB 位置/旋转/板面等数据归入可用的 Columns 中。

- Database Parameters：加载来自外部数据库的附加元件参数(通过 ＊.DbLib、＊.SVNDbLib 或 ＊.DbLink)。

图 1-174　ActiveBOM 参数来源

- Document Parameters：将 PCB 项目所有原理图中已检测的所有原理图文件参数归入可用的 Columns 中。
- Altium Cloud Services：对于已通过 Altium 元件供应商识别并显示供应链解决方案的 BOM 条目，启用本功能可访问大量附加元件数据。

5) 行号列

对于有装配图的 PCB 设计或者对于设计工程师、成本工程师或采购专员之间的 BOM 数据交换，BOM 行号(BOM 条目位置编号)是用于单独区分 BOM 行的简单方法，接着可用于明确识别或"查找"设计中对应的标注、元件和描述。

作为项目 BOM 数据源，ActiveBOM 支持用户定义项目 BOM 的行号，且具有手动和自动"行号"(BOM 条目位置编号)管理功能。

- 若要自动设置所有项目 BOM 条目(元件)的位置编号，单击"设置行号"按钮，行号显示在"行号"列，位于列的"条目详情"分组中。单击按钮右侧的下三角按钮打开"行号选项"对话框，可定义起始值和增量值，如图 1-175 所示。
- 若要重新编号或从自定义添加的编号继续编号，选择所需的条目"行号"，打开 Line ＃ Options 对话框，在对话框中定义起始值和增量值，然后单击 Set line numbers 按钮，执行 Renumber all 命令即可完成行号的重新编号，如图 1-176 所示。

图 1-175　"行号选项"对话框

图 1-176　"行编号"对话框

6) 列组

ActiveBOM 元件列表在每个视图模式中均显示不同的列组，"基本"视图下的 ActiveBOM 如图 1-177 所示。

图 1-177 "基本"视图下的 ActiveBOM

BOM 条目表格主要分为以下几组:

- Item Details(在图片中为红色框):这些列显示详细的元件参数,如"标号""描述""元件库参考"和其他元件参数。
- Solutions(在图片中为蓝色框):排名最高的制造商和来自供应链的供应商。解决方案(制造商元件)的数量和各解决方案供应商的数量均可在 ActiveBOM 的属性面板中进行配置。这些信息均通过供应商名称的立体彩色旗帜标明。排名是自动的,但也可以手动设定。
- BOM Status(在图片中为绿色框):表明与每个元件相关的当前风险。将鼠标悬停在图标上了解详情,或者在属性面板中启用 BOM Status 列显示描述。

7)BOM 检查

ActiveBOM 包含一套综合的 BOM 检查,且每次更新 BOM 时将自动执行此检查。

BOM 状态。检查每个 BOM 条目是否存在违规,其状态是否显示在 BOM Status 列中。本列在 BOM 条目列表右侧始终可见,并显示表明该条目状态的图标。注意,如果 BOM 条目在多次 BOM 检查中失败,图标显示最严重的故障。

BOM 状态图标:①❤清除;②❶警告;③▲错误;④▲严重错误。

将鼠标悬停在图标上,即可查看该元件的状态汇总。或者,启用详细 BOM Status 列的显示功能,以显示详细信息。可通过两种方式启用该列:在 ActiveBOM 的属性编辑面板中可以查看元件的状态,其中包含便于使用的搜索框;或者右击 BOM 条目列表的列标题区并选择 Select Columns 命令。

8)配置 BOM 检查

BOM 条目可对以下内容进行自动检查:

- 与"设计条目"相关的违规行为:包括测试,如 BOM 参数与元件库参数不一致(模糊参数)的元件和重复的标号。
- 与"元件选择"相关的违规行为:包括测试,如未分级的 MPN(仅系统分配等级)、无供应商或缺失的目标价格。

在属性面板中单击"BOM 检查"检测违规列表下方的"Checks options…"图标 ⚙ ,打开 BOM Checks 对话框,如图 1-178 所示。在该对话框中配置每次 BOM 检查的严重程度(报告模式)。

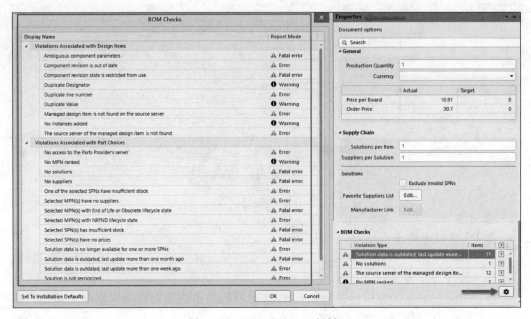

图 1-178　BOM Checks 对话框

9）供应链

元件选择通常是兼顾可用性、单价和制造量的过程。ActiveBOM 最大的优势之一是其能够将详细的、最新的供应链信息直接带入设计环境。访问此信息意味着工程师可轻松监测他们的元件选择并根据需要采用元件。

如果设计元件包含识别的制造商元件号（MPN），ActiveBOM 可访问 Altium Cloud Services 并试图查找关于此元件的供应链信息。云服务的主要功能是 Altium Parts Provider，可从广泛的外部供应商列表中汇总实时元件信息，将价格、库存量、最小订单数量等信息发送到 ActiveBOM 中。

10）解决方案

在 ActiveBOM 中，设计元件可访问此供应链信息时，解决方案将出现在 ActiveBOM 界面下方区域。制造商元件显示在左侧，而可用的供应商说明在右侧。

每一行称为一个"解决方案"。每个解决方案即为特定的制造商元件，通常称为制造商元件号（MPN），并具有可提供该元件的一个或多个供应商的详细说明，如图 1-179 所示。

图 1-179　制造商的元件和该元件可用的供应商

制造商元件号信息介绍如下：

1. 制造商详情包括：
- 元件图像。
- 制造商名称。
- 制造商元件号。
- 说明。

2. 解决方案优先顺序(初级、次级 1、次级 2)。

3. 库存合计：中意供应商(全球可得)的可用库存的总量。如果库存小于订单数量，则为红色。

4. 最低单价。如果无价格或价格为 0，则为红色。

5. 制造商批量生产周期：来自 Altium 云服务的数据，其中：
- 灰色：默认值、未知或无信息。
- 绿色：新的或批量生产状态。
- 橙色：不建议用于新设计。
- 红色：过时或停产。

6. 链接至数据表(Datasheet)。

7. 可用中意供应商的数量。

8. 用户等级，单击设置。

11) 解决方案排名

如果有多个制造商元件可供使用，即意味着有多个解决方案，则这些解决方案将根据该元件的可用性、价格和制造商的生产状态从高到低进行自动排名。

如果更倾向于使用排名较低的解决方案，例如使用特定的制造商，可以通过使用星号功能设定"用户排名"覆盖自动排名，如图 1-180 所示。

图 1-180　单击星号设定解决方案的用户排名

12) 供应商

在制造商详情的右侧是可用的供应商，每个供应商均详述于单独的抬头上。这些抬头也称为供应商元件号(SPN)。

供应商元件号根据可用性和价格自动排序。每个供应商元件号抬头包含一块彩色的横幅，如图 1-181 所示，颜色反映与选择供应商元件号相关的风险(下面有详细说明)。因为可用性和价格数据可从 Altium Parts Provider 随时刷新，供应商元件号抬头的顺序可能发生变化。

图 1-181　供应商元件号信息

供应商元件号抬头信息：

（1）图块标题，包括锁定引脚、供应商名称、图块顺序下拉菜单，其中标题颜色表示：

- 绿色：最佳。
- 橙色：可接受。
- 红色：有风险。

（2）供应商元件号（链接到供应商网站上的元件）。

（3）具有详细信息的最后一次更新的图标在提示框中显示，颜色表示：

- 灰色：默认值，不到一周前更新。
- 橙色：1 周前<上次更新<1 月前。
- 红色：上次更新>1 月前。

（4）元件源详情在提示框中显示，可能值包括 Altium 元件供应商、定制元件供应商、手动解决方案。

（5）库存：如果可用库存小于订单数量，则为红色。

（6）订单数量：如果最低订单数量（MOQ）大于订单数量，则为橙色。关于多余数量的信息在提示框中显示。

（7）单价：如果无可用价格或价格为 0，则为红色。单价包括货币图标，货币在 ActiveBOM 属性面板中设置。

（8）订单价格，如果为 0（意味着无库存或无单价），则为红色。

（9）可用价格与最低订单数量偏离。

供应商排名。新 BOM 条目的默认状态为自动排名"供应商"。注意，因为特定元件的价格和可用性将发生变化，本排名可能随时间发生变化。如有要求，可以通过单击供应商元件号拼贴块横幅左侧的别针图标将供应商元件号拼贴块锁定到特定位置。通过使用供应商元件号拼贴块横幅右侧的下拉菜单设置所需位置，也可手动覆盖供应商元件号的自动顺序。如果使用下拉菜单手动设置供应商元件号拼贴块的位置，将自动启用锁定别针。

13）给元件添加供应链信息

前面对 ActiveBOM 进行了详细的介绍，下面介绍如何给元件添加供应链信息。很多情况下，工程师设计的 PCB 项目中使用的元件是还没选择供应商的。通过一组紧密联系的服务和团队，Altium 维护元件和元件供应链数据的庞大目录。该数据作为 Altium Cloud Services 的一部分提供，通过 Altium Parts Provider 扩展程序连接到 Altium Designer 软件安装。

除了支持已经包含供应链信息的托管元件（如那些从 Altium Vault 布局的元件），新的 ActiveBOM 也可以搜索其他元件的供应链数据。

对于设计中使用的元件，可通过以下方式获取其供应链数据：

（1）Parts placed from the Altium Content Vault or a Company Altium Vault (managed parts)：自 Altium Content Vault 或公司 Vault 布局的元件已经可通过"元件选择列表"链接到全面的供应链数据。

（2）Parts placed from local libraries that include supply chain information：对于已经包含制造商名称和元件号的元件，例如从包含此信息的公司"数据库"布局的元件，ActiveBOM 可通过 Altium Parts Provider 搜索该元件。为此，ActiveBOM 需要知道哪些元件参数构成这些制造商详情。在 ActiveBOM 的 Properties 面板中单击 Manufacturer Link Edit... 按钮，打开 Define Manufacturer Link Fields 对话框，其中可以限定构成制造商详情的元件参数，接着在 ActiveBOM 中单击 Refresh 按钮开始搜索。注意，如果有多个元件，搜索过程可能需要一些时间。

（3）Parts placed from local libraries that have no supply chain information：这些元件可添加以下供应链信息：

① 在原理图绘制期间，可从 Part Search 面板使用"元件（供应商）搜索"功能。

② 直接在 BOM 中，通过 ActiveBOM 添加手动解决方案。此方式的优势在于其将供应链定义过程从原理图绘制过程中分离。

14）配置可用的供应商

通过 Altium Parts Provider 提供供应链数据。Altium Parts Provider 可获取大量遍布全球的元件供应商的详细信息。一组可用供应商可配置为两个层次：

（1）对于软件安装：在属性对话框的 Data Management-Parts Provider 页面中配置供应商。

（2）对于当前项目：在 ActiveBOM 的属性面板中单击 Favorite Suppliers List 按钮定义在本项目中可用的供应商。

15）添加新的解决方案

（1）手动添加解决方案：除了 ActiveBOM 自动检测的解决方案，还可以将手动解决方案添加到任何 BOM 条目。若要添加手动解决方案，单击位于"供应链"解决方案上方的 Add Solution ▾ 按钮，并执行 Create/Edit Manufacturer Links 命令。在弹出的 Edit Manufacturer Links 对话框中单击 Add... 按钮，打开 Add Part Choices 对话框，在对话框中可以搜索可用的制造商并添加合适的元件，如图 1-182 所示。

在 ActiveBOM 中，手动解决方案以供应商为中心。即当用户添加元件时，仅可添加选定的供应商。通过添加另一个解决方案和选择相同的制造商元件号（MPN），可将其他

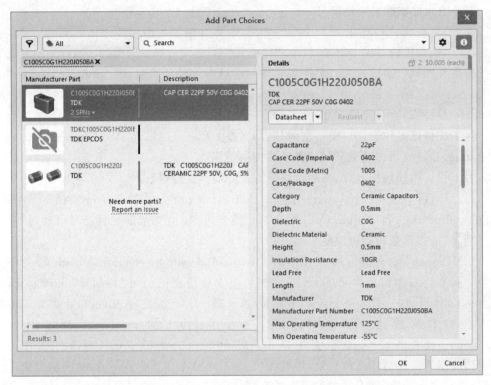

图 1-182　Add Part Choices 对话框

供应商元件号添加到相同位置,如图 1-183 所示。图中已添加两个不同的制造商元件号,用于创建两个解决方案,接着每个制造商元件号均添加了第二个供应商。

图 1-183　添加两个不同的制造商元件号

(2) 编辑或删除手动解决方案:通过单击供应商元件号中的下三角按钮,可删除手动解决方案或编辑该方案的属性。执行 Edit 命令将重新打开与用于添加手动解决方案相同的对话框,其中可以进行新的搜索以定位新的制造商元件号和供应商,如图 1-184 所示。

图1-184　编辑或删除手动解决方案

16）BomDoc、原理图和PCB之间的跳转

利用交叉探索功能，用户可以从BomDoc"交叉选择"或"交叉搜索"到原理图和PCB，但不能从原理图和PCB"交叉选择"或"交叉搜索"到BomDoc。

右击BOM条目并在弹出的快捷菜单中执行Cross Probe命令即可在原理图上交叉搜索该元件，如果PCB文件处于打开状态，PCB元件也将被交叉搜索，如图1-185所示。

图1-185　BomDoc、原理图和PCB之间的跳转

17）输出BOM

直接从ActiveBOM编辑器中生成BOM。通过执行菜单栏中"报告"→Bill of Materials命令打开Report Manager对话框生成BOM，如图1-186所示。

图1-186　输出BOM

Report Manager 是标准的 BOM 输出设置对话框,当从原理图或 PCB 编辑器的 Report 菜单中选择 BOM 或者将 BOM 配置到输出作业文件中时,打开的对话框与该对话框相同。

1.3.11 背钻 Back Drill 的定义及应用

1. 背钻的定义及作用

1) 背钻的概念

背钻就是一种特殊的控制钻孔深度的钻孔技术,在多层板的制作中,例如 8 层板的制作,需要将第 1 层连到第 6 层。通常首先钻出通孔(一次钻),然后镀铜。这样第 1 层直接连到第 8 层。实际只需要第 1 层连到第 6 层,第 7 到第 8 层由于没有线路相连,像一个多余的镀铜柱子。这个柱子在高频高速电路设计中,会导致信号传输的反射、散射、延迟等,给信号带来完整性方面的问题。所以将这个多余的柱子(业内叫 STUB)从反面钻掉(二次钻),因此叫背钻。背钻孔如图 1-187 所示。背钻的工艺流程如图 1-188 所示。一个好的制造商可以让回钻孔留下 7mil 的短截线(安全距离),理想情况下剩余的短截线将小于 10mil。

图 1-187 背钻孔

图 1-188 背钻的工艺流程

2) 背钻的作用

当电路信号的频率增加到一定高度后,PCB 中没有起到任何连接或传输作用的通孔端,其多余的镀铜就相当于天线一样,产生信号辐射对周围的其他信号造成干扰,严重时将影响线路系统的正常工作,Back Drill 的作用就是将多余的镀铜用背钻的方式钻掉,从而消除此类 EMI 问题。减少埋盲孔的使用,降低 PCB 制作难度,在降低成本的同时,减小杂乱信号干扰,提高信号完整性,满足高频、高速的性能要求。

3) 背钻的应用领域

背钻孔板主要应用于通信设备、大型服务器、医疗电子、军事、航天等领域。由于军事、航天属于敏感行业，国内背钻孔板通常由军事、航天系统的研究所、研发中心或具有较强军事、航天背景的 PCB 制造商提供；在中国背钻孔板需求主要来自通信产业，现逐渐发展壮大到通信设备制造领域。通常来说，背钻孔板有如下技术特征：

- 多数背钻孔板是硬板。
- 层数一般为 8～50 层。
- 板厚：2.5mm 以上。
- 板尺寸较大。
- 外层线路较少，多为压接孔方阵设计。

4）背钻孔板设计需要遵循的规则

（1）一般首钻最小孔径≥0.3mm。一次钻的钻孔孔径推荐要求不低于 0.3mm。如图 1-189 所示，首钻钻孔孔径用 A 表示。

（2）背钻孔通常比需要钻掉的孔大 0.4mm。背钻钻孔孔径一般推荐比一次钻孔径大 0.25～0.4mm。保险起见推荐大 0.4mm。如图 1-189 所示，背钻孔径用 B 表示。

（3）背钻深度控制冗余 0.2mm。背钻是利用钻机的深度控制功能实现的，由于背钻的钻刀是尖状的，钻到相应的层时由于钻刀的倾斜角总

图 1-189 背钻孔设计要求

会保留有一小段余量。该背钻深度控制建议至少保留 8mil（约 0.2mm）。而且，在层叠设置时需要考虑介质厚度，避免出现走线被钻断的情况，如图 1-189 所示，背钻深度冗余用 S 表示。

（4）如果背钻要求钻到 M 层，那么 M 层相邻未被钻掉的层之间介质厚度最小为 0.3mm。

（5）背钻与走线的间距。背钻孔的 Stub 钻掉层走线与背钻的距离推荐不小于 10mil（0.25mm）。如图 1-190 所示，虚线框圆圈距离背钻孔外沿的距离为 10mil，在虚线框外都是安全的走线区域。

图 1-190 背钻与走线间距

2. 背钻的设置及应用

前面介绍了背钻技术以及背钻设计时需要考虑的参数。那么在 Altium Designer 中

该如何进行背钻设计中各参数的设置呢？下面用具体案例来展示 Altium Designer 中进行背钻设计的方法。

（1）设置钻孔对。

首先打孔走线。比如一个 8 层板，从顶层 Top Layer 打孔，然后切换到 Layer 2 上走线。剩下的 Layer 3 到底层 Bottom Layer 需要背钻 Backdrilling。此处第一步就是在"设计"→"层叠管理器"→Back Drills 中设置。如图 1-191 所示，起始层 Bottom Layer，终止层 Layer 2。

图 1-191　添加背钻孔

（2）确保信号层 Layer 2 与背钻起始层 Midlayer 3 之间层间距不小于 0.2mm。

此处在层厚 Thickness 栏目，经检查满足要求。

（3）确定背钻孔需要钻掉的镀铜柱长度。

通过 Layer Stack Manager 中从 Midlayer2 到 Bottom Layer 之间的层厚加起来大概为 1mm 左右。由于考虑到背钻深度控制冗余 8mil(0.2mm)，在层叠管理器页面 Layer 2 与 Layer 3 之间的层厚正好 0.254mm 介质厚度。因此可以设置需要钻掉的镀铜柱为 1mm 左右。当然这个数值需要根据工程师在具体设计时的要求可适当增减，如图 1-192 所示。

（4）设置背钻规则，设置背钻大小、深度以及网络。

按快捷键 D+R 打开"PCB 规则及约束编辑器"对话框，如图 1-193 所示，在 Max Stub Length(最大分叉短线长度)中设置需要钻掉的镀铜柱深度，此处为 1.183mm(根据实际的叠层厚度设置)。设置背钻孔尺寸比原通孔扩大 0.2mm，使得背钻孔比原通孔孔径大 0.4mm。再设置需要背钻的过孔网络即可完成背钻相关的规则设置。

最终的背钻孔的效果在 Altium Designer 中 3D 显示如图 1-194 所示。

图 1-192 确定背钻孔需要钻掉的镀铜柱长度

图 1-193 设置背钻规则

图 1-194 3D 视图下的背钻

1.3.12　FPGA 的管脚交换功能

高速 PCB 设计过程中,涉及的 FPGA 等可编程器件管脚繁多,也因此导致布线的烦琐与困难,Altium Designer 可实现 PCB 中 FPGA 的管脚交换,方便走线。

1. FPGA 管脚交换的要求

(1) 一般情况下,相同电压的 Bank 之间是可以互调的。在设计过程中,要结合实际,有时要求在一个 Bank 内调整,就需要在设计之前确认好。

(2) Bank 内的 VRN、VRP 管脚若连接了上下拉电阻,不可调整。

(3) 全局时钟要放到全局时钟管脚的 P 端口。

(4) 差分信号的 P、N 需要对应正负,相互之间不可调整。

2. FPGA 管脚交换的步骤

(1) 选择需要调整的 Bank,单击工具栏中"交叉探针"按钮 ,PCB 中相应的 Bank 内的管脚就会高亮,如图 1-195 所示。

图 1-195　管脚高亮

(2) 为了方便识别哪些 Bank 需要交换及调整,最好对这些 Bank 进行分类(建立 Class),按住 Shift 键,依次选择高亮的管脚,右击,从弹出的快捷菜单中执行"网络操作"→"根据选择的网络创建网络类"命令,即可建立 Class,如图 1-196 所示。

图 1-196　创建网络类

(3) 给网络类设置颜色,以便更好地区分网络。在 PCB 面板中,选中需要设置颜色的网络类,右击,从弹出的快捷菜单中执行 Change Net Color 命令,修改网络颜色,如

图 1-197 所示。修改后要显示颜色,在网络类上右击,从弹出的快捷菜单中执行"显示替换"→"选择的打开"命令,如图 1-198 所示。然后按快捷键 F5,网络颜色就可以显示出来。

图 1-197 改变网络颜色

图 1-198 显示网络颜色

(4) 回到 PCB 编辑界面,执行菜单栏中"工程"→"元件关联"命令进行器件匹配,如图 1-199 所示。

(5) 在打开的"匹配"对话框中,将左边两个方框的器件通过单击 ▷ 按钮全部匹配到右边,确认左边方框无器件后,单击"执行更新"按钮,如图 1-200 所示(若是左边窗口存在器件,且不可移动,代表这个器件没有导入 PCB 中,需要执行 Update Schemaics in...命令,再重复确认器件是否匹配)。

(6) 执行菜单栏中"工具"→"管脚/部件交换"→"配置"命令,如图 1-201 所示。

(7) 在弹出的"在元件中配置引脚交换信息"对话框中,勾选需要交换的芯片,如图 1-202 所示。

(8) 双击该芯片(如本例的 U7A),会出现 Configure Pin Swapping For...对话框,将需要的管脚选中(也可以全选),右击,从弹出的快捷菜单中执行"添加到引脚交换群组"→New 命令将它们归为一组,然后单击"确定"按钮,如图 1-203 所示。

(9) 添加群组之后,对应管脚的"管脚群组"会出现一个"1"。如果还有另一个组,数字会依次增加(添加到群组中的管脚同样可以移除),如图 1-204 所示。

图 1-199 器件匹配命令

图 1-200　器件匹配

图 1-201　器件配置命令

图 1-202 使能芯片

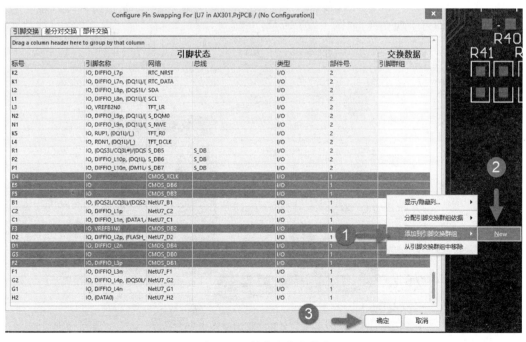

图 1-203 使能交换的管脚

（10）回到 Configure Pin Swapping For... 对话框,单击"确定"按钮就可以进行管脚交换了。按正常出线方式将 BGA 中的走线引出来,同时将接口或者模块的连线同样引出来,形成对接状态,如图 1-205 所示。

图 1-204　管脚群组

图 1-205　网络引线对接

（11）选择手动交换,执行菜单栏中"工具"→"管脚/部件交换"→"交互式管脚/网络交换"命令,如图 1-206 所示。光标变为十字形状,分组的管脚高亮,单击需要进行相互交换的两根线,即可实现交换,如图 1-207 所示。

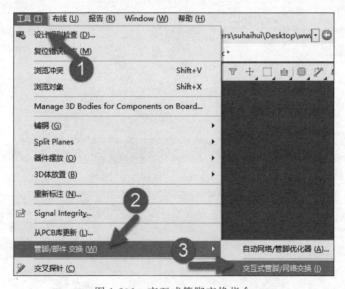

图 1-206　交互式管脚交换指令

（12）也可以选择自动交换,执行菜单栏中"工具"→"管脚/部件交换"→"自动网络/管脚优化器"命令,如图 1-208 所示。自动交换后的管脚连接情况如图 1-209 所示。从图

图 1-207 交换后的管脚

中箭头可看出,虽然大部分能够交换好,但也有可能会存在一些问题,因此,在交换时建议选择手动交换。

图 1-208 自动网络/管脚优化器

图 1-209 自动交换效果图

（13）管脚交换完之后，需要对原理图进行同步更新。执行菜单栏中"工程"→"工程选项"→Options→"改变原理图管脚"→"确定"命令，如图1-210所示。在PCB编辑界面下执行"设计"→Update Schematics in Ax301.PrjPCB命令即可，如图1-211所示。在弹出的"工程变更指令"对话框中，执行"选择变更"→"确定"命令。变更前后的原理图对比如图1-212所示(注：有时反向更新操作可能不完全，所以在变更之后再通过正向的导入方式进行核对)。

图 1-210　设置反向更新选项

图 1-211　反向更新命令

图 1-212　原理图反向更新前后对比效果

1.3.13 位号的反注解功能

在设计过程中,若想将 PCB 位号重新编辑,然后同步更新到原理图中,可以使用 Altium Designer 的反向标注功能。其操作步骤如下:

(1) 在 PCB 界面执行菜单栏中"工具"→"重新标注"命令,或按快捷键 T+N,如图 1-213 所示。

(2) 在弹出的"根据位置重新标注"对话框中,根据需要选择标注方向、标注范围及开始的序号,单击"确定"按钮,如图 1-214 所示,位号的标注变化如图 1-215 所示。同时,系统自动生成一个.WAS 的文件。

(3) 如图 1-216 所示,原理图的 R81 连接的网络为 P3_RX+,而 PCB 中的 R81,1 脚网络为 NetLED9_2,2 脚网络为 LED7,正面 PCB 的位号已重新标注,和原理图的不匹配。

图 1-213 位号重新标注

图 1-214 "根据位置重新标注"对话框

图 1-215 位号标注变化对比

图 1-216　同步前原理图与 PCB 的网络对比

（4）接下来需要同步更新到原理图中。在原理图编辑界面下,执行菜单栏中"工具"→
"标注"→"反向标注原理图"命令,或按快捷键 T+A+B,如图 1-217 所示。

图 1-217　反向标注位号

（5）选择需要的 .WAS 文件,单击"打开"按钮,如图 1-218 所示。将会弹出如图 1-219
所示的提示框,提示进行更改的个数,单击 OK 按钮。

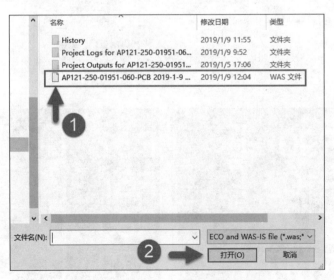

图 1-218　Choose WAS-IS File 列表框

图 1-219　更新提示框

（6）在弹出的"标注"对话框中，单击"接收更改（创建 ECO）"按钮，将会继续弹出"工程变更指令"对话框，单击"执行变更"按钮，使检验状态没有报错为止，然后单击"关闭"按钮关闭对话框，如图 1-220 所示。

图 1-220　同步更新原理图位号

（7）如图 1-221 所示，原理图和 PCB 的 2 脚网络都是连接到 LED7 的，至此，反向标注操作完成。

图 1-221　同步后原理图与 PCB 的网络对比

注意：①进行 PCB 的重新标注时，每操作一次，系统就会生成一个 .WAS 的文件。原理图界面的反向标注必须根据 .WAS 文件生成的先后顺序，依次操作。即有多少个 .WAS 文件，原理图就要反向标注多少次，否则将得不到正确的位号匹配。

②为了保证设计的正确性，在完成上述操作之后，最好执行菜单栏中"设计"→Update...命令，进行正向导入操作。

1.3.14 模块复用的操作

本小节介绍 Altium Designer 两种常用模块复用方法:一种是利用 Room 实现相同模块复用,另一种是利用复制粘贴功能实现。

1. 利用 Room 实现相同模块复用

利用 Room 实现模块复用需要满足以下条件:
(1) PCB 中相同模块的对应器件的通道值(Channel Offset)必须相同。
(2) 器件不能锁定,否则无法进行 Room 复用。
下面详细介绍使用 Room 进行模块复用的方法。
(1) 打开需要进行模块复用的原理图,在 PCB 中有两个或者多个模块是一样的布局布线,进行模块复用可以保证每一个模块的布局布线一模一样。
(2) 将原理图更新到 PCB 中,并将其中一个模块完成布局,如图 1-222 所示。

图 1-222 将其中一个模块完成布局

(3) 双击元件查看元件的通道值(Channel Offset)与对应模块的元件的通道值是否一致,不一致的需要将其改为一样的通道值,否则无法完成模块复用。但是从 PCB 中手工修改通道值对于元件比较多的模块来说是很耗时的,这时就可以利用 PCB List 的筛选功能来快速修改通道值,其具体步骤如下:
① 在交叉选择模式下,从原理图中框选其中一个模块,在 PCB 编辑界面打开 PCB List 面板,将筛选条件设置为 Edit selected objects include only Components,只选择显示元件,然后找到这些元件的通道值,如图 1-223 所示,图中 Channel Offset 栏就是这些元件的通道值,并将其复制。
② 从原理图中框选另外一个模块,同样在 PCB 编辑界面打开 PCB List 面板,也是

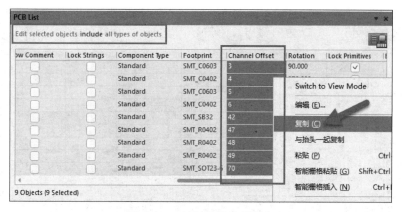

图 1-223　复制元件的通道值

要先设置筛选条件为 Edit selected objects include only Components，只选择显示元件，然后在 Channel Offset 栏将上面复制的通道值粘贴到该通道值里面，如图 1-224 所示。

图 1-224　粘贴元件的通道值

需要特别注意：相同模块通道值修改时，需打开交叉选择模式，从原理图中选择模块，确保在 PCB 中能正确修改通道值。

（4）通道值修改好以后，就可以利用 Room 实现模块复用了。先框选模块，执行菜单栏中"设计"→Room→"从选择的器件产生矩形的 Room"命令，或者按快捷键 D＋M＋T，生成 Room。另一个模块的操作方法也是一样，这样即可得到包含器件的 Room，如图 1-225 所示。

（5）拷贝 Room 格式。执行菜单栏中"设计"→Room→"拷贝 Room 格式"命令，或按快捷键 D＋M＋C，如图 1-226 所示。

（6）这时光标变成十字形状，先单击 Room1，再单击 Room2，如图 1-227 所示。

（7）弹出"确认通道格式复制"对话框，按图 1-228 所示进行设置。

（8）参数设置完毕，单击"确定"按钮，即可完成模块的复用，如图 1-229 所示。

2. 复制粘贴功能实现模块复用

这里使用上面的电路图介绍利用复制粘贴功能实现模块复用的方法。

图 1-225 得到包含器件的 Room

图 1-226 拷贝 Room 格式

(1) 复制已经布局好的模块,并粘贴,粘贴过来的模块元件位号会出现"_"的下标,如图 1-230 所示。

(2) 选中下面没有布局的元件通过按快捷键 M+S 移动选择的对象,将元件重合地放置在粘贴过来的模块上,如图 1-231 所示。

图 1-227　选择 Room

图 1-228　设置 Room 通道格式复制参数

图 1-229　利用 Room 实现模块复用

图 1-230　复制粘贴模块

图 1-231　将元件重合地放置在粘贴过来的模块上

（3）将位号中含有"_"标识的元件删掉，即可完成模块复用，如图 1-232 所示。

图 1-232　利用复制粘贴功能实现模块复用

1.3.15　选择过滤器的使用

Altium Designer 19 在 PCB 属性面板中运用全新的对象过滤器，如图 1-233 所示。使用该过滤器，用户可以筛选想要在 PCB 中可供选择的对象。单击下拉列表中的对象，没有被使能的对象将被筛选出来，在 PCB 中将不会被用户选中。

图 1-233　过滤器工具

1.3.16　PCB 的动态 Lasso 选择

Altium Designer 19 除了包含常规的点选、框选的选择命令，还有动态选择（Lasso Select）模式，动态选择可以进行滑动选择，将需要的对象包含在所画的区域之内。

执行菜单栏中"编辑"→"选中"→"Lasso 选择"命令，或按快捷键 E＋S＋E，如图 1-234 所示。光标会变为十字形状，单击选择起始点，画完选择的区域后同样单击，即可实现选择，效果如图 1-235 所示。

1.3.17　Logo 的导入及放大缩小操作

Logo 具有特点鲜明、识别性强的特点，在 PCB 设计中经常要导入 Logo 标示，下面介绍利用脚本程序添加 Logo 的方法。

图 1-234   Lasso 选择

图 1-235   选择时的效果

（1）位图的转换，因为脚本程序只能识别 BMP 位图，所以可利用 Windows 画图工具将 Logo 图片转换成单色的 BMP 位图，如果单色位图失真了，可以转换成 16 位图或者其他位图。Logo 图片的像素越高，转换的 Logo 越清晰，利用 Windows 画图工具转换位图的方法如图 1-236 所示。

图 1-236   转换位图

（2）打开 Altium Designer 软件，并打开需要导入 Logo 的 PCB 文件。执行菜单栏中"文件"→"运行脚本"命令，在"选择条目运行"对话框中单击"浏览"按钮，执行"来自文件…"命令，然后选择 Logo 转换脚本文件，如图 1-237 所示。如没有脚本文件，可以联系作者进行获取。

图 1-237　加载脚本程序

（3）单击加载进来的脚本程序，再单击"确定"按钮将进入"PCB Logo 导入向导"，如图 1-238 所示，并对向导进行设置。

图 1-238　Logo 转换设置

- Load：加载转换好的位图。
- Board Layer：选择好 Logo 需要放置层，一般选择 Top Overlayer。
- Image size：预览导入之后的 Logo 大小。
- Scaling Factor：导入比例尺，可调节 Image size 尺寸，调节出想要的 Logo 大小。
- Negative：反向设置，一般不勾选，用户可以自己尝试效果。
- Mirror X：关于 X 轴镜像。
- Mirror Y：关于 Y 轴镜像。

（4）设置好参数之后，单击 Convert 按钮，开始 Logo 转换，等待软件自动转换完成，如图 1-239 所示。

（5）如果对导入的 Logo 大小不满意，还可以通过创建"联合"的方式进行调整。框选刚导入的 Logo，右击，从弹出的快捷菜单中执行"联合"→"从选中的器件生成联合"命令，如图 1-240 所示。

图 1-239　转换好的 Logo

图 1-240　从选中的器件生成联合

（6）生成联合后，在 Logo 上面再次右击，从弹出的快捷菜单中执行"联合"→"调整联合的大小"命令，如图 1-241 所示。

图 1-241　调整联合的大小

（7）这时光标变成十字形状，单击 Logo，会出现 Logo 调整大小的调整点，单击调整点拖动就可以调整 Logo 的大小了，如图 1-242 所示。

（8）还可以将 Logo 做成封装，方便下次调用。在 PCB 元件库中新建一个元件命名为 Logo，从 PCB 文件中复制 Logo，然后粘贴到 PCB 元件库中做成封装。下次调用时直接放置即可，如图 1-243 所示。

图 1-242　调大后的 Logo

图 1-243　将 Logo 做成封装

1.3.18　极坐标的应用

在 PCB 设计过程中,特别是 LED 圆形灯板的 PCB 设计,需要对 LED 灯珠进行圆形等间距排列,如果每个元件都计算清楚其坐标再进行放置会非常烦琐。要实现如图 1-244 所示的元件布局效果,在 Altium Designer 软件里可以使用极坐标的方法。

(1) 打开 Altium Designer 19 的 PCB 编辑器,在 Properties 面板中找到 Grid Manager(栅格管理器)选项,单击 Add 按钮,执行"Add Polar Grid(添加极坐标网格)"命令,如图 1-245 所示。

(2) 执行"添加极坐标网格"命令之后,栅格管理器中会出现一个 New Polar Grid(新的栅格),如图 1-246 所示。

(3) 双击新增的 New Polar Grid,进入"极坐标"设置对话框,详细设置及说明如图 1-247 所示。

需要说明:角度步进值(Angular Step)与均分数的乘积必须等于"终止角度(End Angle)"与"起始角度"之差,否则得到的极坐标会出现"不均等分"的现象。

图 1-244　元件圆形布局效果

图 1-245　Add Polar Grid(添加极坐标网格)

图 1-246　New Polar Grid(新的栅格)

图 1-247　设置极坐标参数

（4）设置好以后单击"确定"按钮，得到极坐标的效果如图 1-248 所示。

（5）在极坐标中放置元件的效果如图 1-249 所示。

图 1-248　极坐标栅格

图 1-249　极坐标中放置元件的效果

1.3.19　PCB 的布线边界显示

Altium Designer 19 在布线过程中,可以显示网络的安全间距边界,便于实时查看间距距离,其实现的步骤如下:

在 PCB 编辑界面下,按快捷键 O＋P,打开"优选项"对话框,在 PCB Editor-Interactive Routing 页面中勾选"显示间距边界"复选框即可,如图 1-250 所示。图 1-251 为边界显示的效果。注:布线模式为"忽略障碍"时无法显示间距边界。

图 1-250　显示间距边界

图 1-251　边界显示效果

1.3.20　PCB 自动优化走线功能的应用

Altium Designer 可以对一部分走线自动进行优化,其步骤如下:

（1）选择一部分要调整的走线,然后按 Tab 键,这时会选中全部对应的网络,如图 1-252 所示。

图 1-252　选择需要调整的走线

（2）执行菜单栏中"布线"→"优化选中走线"命令或者按快捷键 Ctrl＋Alt＋G,优化过后的走线如图 1-253 所示。

1.3.21　ActiveRoute 的应用

对于散热、电磁干扰及高频特性要求较低的电路设计,采用自动布线操作可以降低布线的工作量,并减少布线时所产生的遗漏。如果自动布线不能够满足设计的要求,则须手工布线进行调整。

在进行自动布线之前,首先应对自动布线规则进行设置。执行菜单栏中"设计"→"规则"命令,或者按快捷键 D＋R,系统将弹出如图 1-254 所示的"PCB 规则及约束编辑器"对话框。

图 1-253　自动优化走线

图 1-254　"PCB 规则及约束编辑器"对话框

　　在该对话框中设置相应的规则后,就可以执行自动布线操作。执行菜单栏中"布线"→"自动布线"命令。用户不仅可以选择全部自动布线,还可以对指定的区域、网络及元件进行单独的布线。

　　(1) All(全部):用于为全局自动布线,其操作步骤如下:

① 执行菜单栏中"布线"→"自动布线"→"全部"命令，或者按快捷键 U＋A＋A。系统将弹出"Situs 布线策略"对话框，在该对话框中可以设置自动布线策略。

② 选择一项布线策略，然后单击 Route All 按钮即可进入自动布线状态。这里选择系统默认的"Default 2 Layer Board(默认双面板)"策略，如图 1-255 所示。布线过程中将自动弹出 Messages(信息)面板，并显示自动布线的状态信息，如图 1-256 所示。

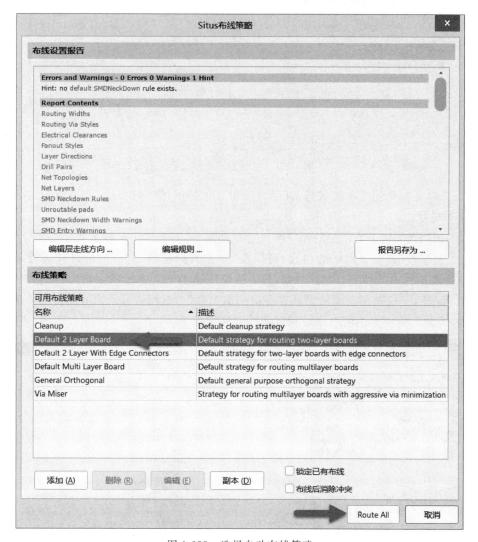

图 1-255　选择自动布线策略

③ 当元件布局比较密集或者布线规则过于严格时，自动布线可能无法布通。即使完全布通的 PCB 电路板仍会有部分网络走线不合理，如绕线过多、走线过长等问题，此时就需要手工进行调整。

(2) 网络：用于为指定的网络进行自动布线，其操作步骤如下：

① 在规则设置中对该网络布线的线宽进行合理的设置。

② 执行菜单栏中"自动布线"→"网络"命令，此时光标变成十字形状，移动光标到该网络上的任意一个电气连接点(飞线或焊盘)处，单击系统将对该网络进行自动布线。

图 1-256　显示自动布线状态

③ 此时光标仍处于布线状态,可以继续对其他的网络进行布线,右击或按 Esc 键即可退出布线状态。

(3) 网络类:用于为指定的网络类进行自动布线,其操作步骤如下:

① "网络类"是多个网络的集合,可以在"对象类浏览器"对话框中对其进行编辑管理。执行菜单栏中"设计"→"类"命令,或者按快捷键 D+C,系统将弹出"对象类浏览器"对话框,如图 1-257 所示。系统默认存在的网络类为"所有网络",用户可以自定义新的网络类,将需要归为一类的网络添加到定义好的网络类中。

图 1-257　"对象类浏览器"对话框

② 执行菜单栏中"自动布线"→"网络类"命令,如果当前文件中没有自定义的网络类,系统将会弹出提示框提示未找到网络类,否则系统会弹出 Choose Objects Class(选择对象类)对话框,列出当前文件中具有的网络类。在列表中选择要布线的网络类,系统会对该网络类内中的所有网络自动布线。

③ 在自动布线过程中,所有布线状态、结果会在 Messages(信息)面板中显示出来。右击或按 Esc 键即可退出该状态。

1.3.22 拼板阵列的使用

在 Altium Designer 软件设计中进行拼板,除了更能清晰地展示设计师意图之外,还有诸多作用:
- 可以按照自己想要的方向拼板。
- 拼板文件与源板关联,源板的改动可以更新到拼板。
- 可以将几块不同的板拼在一起。
- 可以拼阴阳板(正反面交替)。

本小节用一个例子来介绍在 Altium Designer 中利用拼板阵列实现拼板的过程,操作步骤如下:

(1) 测量板子的尺寸大小。这个可以用尺寸标注来实现,执行菜单栏中"放置"→"尺寸"→"尺寸标注"命令。如图 1-258 所示,以这块 PCB 作为范例的 PCB,尺寸是 98.81mm×49.91mm,在新建的 PCB 文件中拼出 2×2 的 PCB 阵列。

图 1-258 放置尺寸标注

(2) 执行菜单栏中"文件"→"新的"→"PCB"命令,创建一个新的尺寸为 210mm×110mm 的 PCB 文件,新建的 PCB 文件用于拼板的 PCB,保存在原 PCB 文件的工程目录下,如图 1-259 所示。

图 1-259　新建 PCB 文件

（3）在新建的 PCB 文件中，执行菜单栏中"放置"→"拼板阵列"命令，如图 1-260 所示。

（4）这个就是 Altium Designer 拼板阵列实现拼板的功能，执行"拼板阵列"命令后，光标变成十字形状并附有一个阵列图形，按 Tab 键弹出阵列拼板参数设置面板，如图 1-261 所示。在 PCB Document 栏选择需要拼板的 PCB 文件，在 Column Count 和 Row Count 的行列元素输入框中输入要拼板的横排和竖排的数量，这里各自输入 2。然后在 Column Margin 和 Row Margin 输入框中输入需要的参数（这个参数视自己需求而定），输入两个参数后，Row Spacing 和 Column Spacing 这两项会随之自动改变。

（5）设置以上参数后，按 Enter 键，放置阵列拼板到 PCB 中，如图 1-262 所示。

（6）按快捷键 L，进入层颜色管理器，如图 1-263 所示。把 Mechanical 2 改名为 Route Cutter Tool

图 1-260　放置拼板阵列

Layer，在这个层上绘制的线定义为铣刀铣穿 PCB 的走线；把 Mechanical 5 改名为 FabNotes，在这个层上绘制的线定义为要在 PCB 上铣出 V-Cut 的走线（放置这些标注信息的 Mechanical 层可自行选择）。

（7）如图 1-264 所示为画好细节走线的阵列拼板。

注意：在 PCB 阵列板上画出需要的 V-Cut 的走线和开槽的走线，让加工板厂 CAM 图纸处理人员明白客户具体的需求和意图。但具体要走 V-Cut 还是开槽，以设计人员与板厂工程师的沟通和交流为准，此处只是示意图。

最后，再合适地放置工艺边和定位孔及 Mark 点等，将 PCB 文件转换成 Gerber 文件发给 PCB 加工板厂，与板厂沟通具体工艺要求和细节。

图 1-261 阵列拼板参数设置面板

图 1-262 得到拼板阵列效果

图 1-263 修改机械层名称

图 1-264　画好细节走线的阵列拼板

拼板与源板同步更新

如果在源 PCB 上做任何改动,这些改动会在 PCB 拼板文件中自动更新。如图 1-265 所示,在源 PCB 中放置一个过孔。

图 1-265　源板上放置一个过孔

然后回到 PCB 拼板文件,每个板子上都会多出这样一个过孔,随源板同步更新,如图 1-266 所示。

如何将不同的 PCB 拼在一起?

将不同的 PCB 拼在一起,只需要选择某个 PCB 文件,拼出阵列。然后再选择其他的 PCB 文件,再拼出阵列。

图 1-266　拼板文件随源板同步更新

如要拼阴阳板,方法是先用此拼板功能放置一个拼板阵列,然后再放置另外一个拼板阵列时,勾选 Mirrored 复选框即可。此外,阴阳板一定要保证板厚都一样才能拼在一起进行加工。

1.3.23　在 3D 模式下体现柔性板(Flex Board)

1. Rigid-Flex 印制电路的定义及作用

Rigid-Flex Board,软硬(刚柔)结合板,就是传统硬性线路板与柔性线路板,经过诸多工序,按相关工艺要求组合在一起,形成的同时具有 PCB 特性与 FPC 特性的线路板。硬性电路可以承载所有或大部分元件,柔性部分作为刚性部分之间的互连。

PCB 设计趋势是往轻薄小方向发展,针对高密度的电路板、软硬结合板的三维连接组装等电路设计,使用柔性板不仅节省产品内部空间,减少成品体积,还可以通过大幅减少互连线路的需求来降低组装复杂性,由于互连硬件减少和装配产量提高,同时也提高了产品可靠性;当考虑作为整体产品制造和装配成本的一部分时,降低成本。

柔性电路通常分为两种使用类别:静态柔性电路和动态柔性电路。静态柔性电路(也称为用途 A)是那些经受最小弯曲的电路,通常使用在组装和维修期间。动态柔性电路(也称为用途 B)是为频繁弯曲而设计的电路;例如磁盘驱动器头、打印机头,或作为笔记本电脑屏幕中铰链的一部分。这种区别很重要,因为它影响材料选择和构造方法。

2. 定义和配置 Rigid-Flex Substacks

刚柔结合板设计中,每个单独的刚性板或柔性板可能由不同的叠层结构。为此,用户需要在 Altium Designer 19 中能够定义多个堆栈,这些堆栈称为子堆栈,如图 1-267所示。

图 1-267　多个堆栈的体现

在 Altium Designer 19 中定义多个堆栈的步骤如下：

（1）按快捷键 D＋K，打开层叠管理器，执行 Tools→
Features→Rigid/Flex 命令，或单击管理器右上角的按钮
Features ，启用 Rigid-Flex 选项。

（2）其他控件将显示在层叠管理器的顶部，包括显示
默认子堆栈名称的 Substack 选择下拉按钮 Board Layer Stack 。
若想添加新的 Substack，单击按钮 ，可在 Properties 面
板中将 Substack 命名为 Flex，并在需要时勾选 Is Flex 复
选框，即可添加柔性板的堆栈，如图 1-268 所示。

图 1-268　命名新的 Substack

（3）通过 Substack 选择下拉按钮 Board Layer Stack ，可查看各个子堆栈的叠层情况。如
图 1-269 和图 1-270 分别为刚性和柔性板的叠层情况（Flex 特定的覆盖层只能添加到具
有以下特性的子堆栈中：启用 Is Flex 选项，不启用 SolderMask 层）。

	Name	Type	Thickness	Dk	Material		Weight
✓	Top Overlay	Overlay					
✓	Top Solder	Solder Mask	0.01mm	3.5	Solder Resist	⋯	
✓	Top Layer	Signal	0.036mm			⋯	1oz
✓	Dielectric 1	Dielectric	0.32mm	4.8	FR-4	⋯	
✓	Mid-Layer 1	Signal	0.036mm			⋯	1oz
✓	Dielectric 2	Dielectric	0.32mm	4.8	FR-4	⋯	
✓	Mid-Layer 2	Signal	0.036mm			⋯	1oz
✓	Dielectric 3	Dielectric	0.012mm	4.8	Polyamide	⋯	
✓	Bottom Layer	Signal	0.036mm			⋯	1oz
✓	Bottom Solder	Solder Mask	0.01mm	3.5	Solder Resist	⋯	
✓	Bottom Overlay	Overlay					

图 1-269　刚性板叠层

（4）在层叠管理器界面中，执行 Tools→Layer Stack Visualizer 命令，即可看到设置
完成的多个子堆栈的可视化 3D 情况，如图 1-271 所示。

3. 定义并分配整板区域

（1）定义整板的外形区域。无论板子是否为刚柔结合板，整板边框都被定义为板外
形，如图 1-272 所示。选中外形，按快捷键 D＋S＋D 可定义。

	Name	Type	Thickness	Dk	Material	Weight
	Top Overlay	Overlay				
	Top Solder	Solder Mask	0.01mm	3.5	Solder Resist	
	Top Layer	Signal	0.036mm			1oz
	Dielectric 1	Dielectric	0.32mm	4.6	FR-4	
	Mid-Layer 1	Signal	0.036mm			1oz
	Dielectric 2	Dielectric	0.32mm	4.8	FR-4	
✓	Mid-Layer 2	Signal	0.036mm			1oz
✓	Dielectric 3	Dielectric	0.012mm	4.8	Polyamide	
✓	Bottom Layer	Signal	0.036mm			1oz
	Bottom Solder	Solder Mask	0.01mm	3.5	Solder Resist	
	Bottom Overlay	Overlay				

图 1-270　柔性板叠层

图 1-271　刚柔结合板的可视化 3D

图 1-272　刚柔结合板的板外形

（2）分割整板区域。刚柔结合板需要将单个板区域拆分为多个区域，并为每一个区域分配唯一的层堆栈。将图 1-272 中的板区域分为 3 个部分：上下两个圆形为刚性板，中心矩形设置为柔性板。其具体步骤如下：

① 在 PCB 编辑界面下，执行菜单栏中"视图"→"板子规划模式"命令，或按快捷键 1，进入电路板规划模式。

② 放置分割线,拆分整板区域。在规划模式界面中,执行菜单栏中"设计"→"定义分割线"命令,或按快捷键 D+S,在中心矩形处放置分割线。分割之后的板区域如图 1-273 所示。注:删除分割线时,单击并按住其中一个端点,然后按 Delete 键。

图 1-273　分割板区域

图 1-274　设置板区域

(3) 给各个板区域分配层堆栈并重命名。双击相应的板区域,打开"板区域"对话框,设置"名称",并选择层堆栈,如图 1-274 所示。将实例中的板子两个圆形设置为刚性板,中心矩形设置为柔性板,如图 1-275 所示。

(4) 放置和定位弯曲线,实现柔性板的可弯曲性。在板子规划模式中,执行菜单栏中"设计"→"定义弯曲线"命令,或按快捷键 D+E,放置好的弯曲线如图 1-276 所示。根据实际需要放置弯曲线。

注意:① 弯曲线只能放置在叠层管理器中配置为 Flex 的区域,如演示中的中心矩形区域。

图 1-275   分配完成后板子的 3D 视图

图 1-276   放置弯曲线

② 弯曲线放置位置可使用机械层构造辅助,以便精确定位弯曲线的上下参考点。

(5) 配置弯曲线,设置弯曲线影响区域。其具体步骤如下:

① 在 PCB 面板中,选择下拉列表框中的 Layer Stack Regions,并在"层堆栈"中选择名为 Flex 的板区域,单击下方的区域名称,即可展开区域内所有折线,如图 1-277 所示。

② 双击任意一个弯曲线,打开"弯折线"对话框,如图 1-278 所示,设置相应属性。

* 弯折角:Flex 区域表面弯曲的角度。
* 半径:弯曲中心点所在的弯曲表面的距离。
* 受影响区域宽度:根据给定的半径和弯折角,得到的弯曲表面区域的宽度。
* 若弯折角为 A,半径为 R,受影响区域为 W,三者之间的关系为:$W = A/360 \times 2 \times \pi \times R$。
* 字体索引:用于弯曲折叠操作时的折叠顺序。

注意:选择任意一个刚性板区域,在"区域名称"中启用"锁定 3D 位置"复选框,如图 1-279 所示,以定义 3D 显示模式的物理接地参考(其中 Z=0)。如果不启用,则不会显示每个定义的弯曲线的"受影响区域宽度",显示的宽度区域如图 1-280 所示。

(6) 将 PCB 切换到 3D 模式,拖动 PCB 面板的"折叠状态"进行折叠状态调整,折叠效果如图 1-281 所示。按快捷键 5 可实现"展开/折叠"操作。

图 1-277　显示区域内所有弯曲线

图 1-278　"弯折线"对话框

图 1-279　启用"锁定 3D 位置"

图 1-280　弯曲线受影响区域宽度

图 1-281　折叠效果

1.3.24　盲埋孔的设置

随着目前便携式产品的设计朝着小型化和高密度的方向发展,PCB 的设计难度也越来越大,对 PCB 的生产工艺提出了更高的要求。在目前大部分的便携式产品中 0.65mm 间距以下 BGA 封装均使用了盲埋孔的设计工艺,盲埋孔的定义如下:

盲孔(Blind Vias): 盲孔是将 PCB 内层走线与 PCB 表层走线相连的过孔类型,此孔不穿透整个板子。

埋孔(Buried Vias): 埋孔则是只连接内层之间的走线的过孔类型,它是处于 PCB 内层中的,所以从 PCB 表面是看不出来的。

实现盲埋孔设计步骤如下:

(1) 在 Altium Designer 19 中实现盲埋孔设计,首先按快捷键 D+K 进入层叠管理器,单击左下角的 Via Types 按钮,添加过孔的类型,如图 1-282 所示。

图 1-282　添加过孔类型

(2) 单击"+"按钮,增加过孔类型,选择其中一个过孔类型,按快捷键 F11 设置钻孔对,可修改过孔连接的层,如图 1-283 所示。

图 1-283　过孔连接层的设置

（3）在 PCB 中放置过孔时，在"过孔属性"编辑对话框中选择需要的过孔类型即可，如图 1-284 所示。

图 1-284　选择过孔类型

1.3.25　Pad/Via 模板的使用

在 Altium Designer 中使用 Pad/Via 模板，可以帮助我们节省大量的时间，避免出错。下面详解介绍 Altium Designer 19 中 Pad/Via 模板的使用。

（1）创建焊盘过孔库。在 PCB 编辑环境下执行菜单栏中"文件"→"新的"→"库"→"焊盘过孔库"命令，弹出 Pad Template Editor 对话框，如图 1-285 所示。

图 1-285　Pad Template Editor 对话框

各选项组介绍如下：

① 通用。

名称：设置焊盘模板的名称，可随意命名。

焊盘类型：设置焊盘类型，SMT 焊盘或者通孔焊盘。

② 助焊/阻焊。

用于设置焊盘助焊和阻焊外扩值，勾选"手动设置外扩值"复选框即可修改焊盘助焊和阻焊外扩值。

③ 大小和形状。

模式：如果当前设置的焊盘模板为通孔焊盘，在模式下拉列表框中可以设置焊盘的外形，并且可以针对不同层设置不同的焊盘外形。

④ 层上属性。

形状：设置焊盘外形，有 Round（圆形）、Rectangular（矩形）、Octagonal（八角形）、Rounded Rectangle（圆角矩形）四种外形。

X尺寸/Y尺寸：设置焊盘外形尺寸。

⑤ 孔信息。

孔大小：设置焊盘内径。

孔的形状：设置焊盘孔的形状。

镀铜：勾选该复选框以设置焊盘内壁是否沉铜。

⑥ Pad Via Library 面板。

该面板列出了当前焊盘过孔库模板的列表，新建焊盘过孔库时，软件默认的是焊盘模板。

⑦ Display Units 下拉列表框。

设置单位，Metric（公制）和 Imperial（英制）。

（2）添加需要的焊盘过孔模板。在 Pad Via Library 对话框的焊盘过孔模板列表中右击，从弹出的快捷菜单中可以选择添加焊盘模板或过孔模板，以及删除列表中的模板，如图 1-286 所示。例如添加常用的焊盘过孔模板，如图 1-287 所示。

图 1-286　添加焊盘模板或过孔模板

图 1-287　添加常用的焊盘过孔模板

（3）保存 Pad Via Library。单击菜单栏左上角的"保存"按钮 ![保存]，或者按快捷键 Ctrl+S 将创建的焊盘过孔库保存起来，如图 1-288 所示。

（4）添加 Pad Via Library 到 AD 软件中。在 PCB 编辑环境下打开 PCB Pad Via

图 1-288　保存焊盘过孔库

Templates 面板(如找不到该面板,可在右下角的 Panels 选项中找到),按照图 1-289 所示添加焊盘过孔模板库。

图 1-289　添加焊盘过孔模板库

(5) 放置焊盘/过孔模板。在 PCB Pad Via Templates 面板中可放置前面添加的焊盘过孔模板,可以直接拖动焊盘或过孔模板放置在 PCB 中,也可以右击,从弹出的快捷菜单中执行 Place 命令放置,如图 1-290 所示。

(6) 已经放置过的焊盘或者过孔模板,会自动添加到焊盘/过孔属性面板的模板列表中,用户在 PCB 中按照常规的方法添加焊盘/过孔时可在 Properties(属性)面板中的模板下拉列表框中选择已经放置过的焊盘/过孔模板,如图 1-291 所示。

总之,使用焊盘/过孔模板的优势在于可以将用户常用的焊盘及过孔添加到 Pad Via Library 中,这样在不同的工程项目中都能便捷地使用这些常用的焊盘过孔尺寸。

图 1-290　放置焊盘/过孔模板

图 1-291　放置焊盘/过孔时选择模板

1.3.26　缝合孔的使用

1）利用缝合孔快速给信号线添加屏蔽过孔

在信号线两边添加屏蔽过孔的工作量不比 PCB 布线轻松,Altium Designer 19 中的"添加网络屏蔽"功能可以让软件自动完成信号线两旁添加屏蔽过孔工作。添加网络屏蔽的具体实现步骤如下:

(1) 打开 PCB 编辑界面,执行菜单栏中"工具"→"缝合孔/屏蔽"→"添加网络屏蔽…"命令,打开"添加屏蔽到网络"对话框,设置相应的参数,如图 1-292 所示。

① 设置需要屏蔽的信号线网络(Net to shield)。例如,此处选择要屏蔽的网络为 NetANT5_1。

② 设置过孔边缘到信号线边缘间距距离(Distance)。例如,此处设置为 30mil。

③ 设置两排过孔之间的行间距(Row spacing)。如果过孔行数为 1,可忽略该间距值。

④ 设置过孔行数(Rows)。

⑤ 设置过孔之间的间距(Grid)。

⑥ 在过孔样式(Via Style)中设置过孔尺寸及过孔网络。

(2) 参数设置完毕,单击"确定"按钮,软件会自动添加屏蔽过孔。

(3) 使用"添加网络屏蔽…"功能实现信号线自动添加屏蔽过孔效果如图 1-293 所示。

图 1-292 "添加屏蔽到网络"设置对话框

图 1-293 自动添加屏蔽过孔

2) 利用缝合孔快速给整板添加地过孔

PCB 整板添加地过孔的工作也不是那么轻松的,但可以通过 Altium Designer 19 中的"给网络添加缝合孔"功能让软件自动完成整板添加地过孔工作。

(1) 首先打开 PCB 编辑界面,执行菜单栏中"工具"→"缝合孔/屏蔽"→"给网络添加缝合孔…"命令,或者按快捷键 T＋H＋A 打开"添加过孔阵列到网络"对话框,在该对话框中按照图 1-294 所示设置相应的参数。

① 设置过孔之间的间距(Grid)。

② 在过孔样式(Via Style)中设置过孔尺寸及过孔网络。

需要说明:给整板添加地过孔之前,需要对 PCB 顶层和底层铺上地铜皮,否则无法自动添加地过孔,且会弹出如图 1-295 所示的信息提示。

(2) 参数设置完毕,单击"确定"按钮,等待软件完成地过孔的添加即可。添加完地过孔的效果如图 1-296 所示。

图 1-294 "添加过孔阵列到网络"设置对话框

图 1-295 信息提示

图 1-296 PCB整板添加地过孔

1.3.27　MicroVia 的设置

μVias(微过孔)用作高密度互连(HDI)设计中的层之间的互连,以适应高级元件封装和电路板设计的高输入/输出(I/O)密度。顺序构建(SBU)技术用于制造 HDI 板。HDI 层通常构建在传统制造的双面核心板或多层 PCB 上。由于每个 HDI 层都建立在传统 PCB 的每一侧,因此可以使用以下方法形成 μVias:激光钻孔、通孔形成、金属化和通孔填充。因为孔是激光钻孔的,所以它具有锥形形状。

如果连接需要通过多个层的路径,则原始方法是使用阶梯状模式错开一系列 μVias。现在,技术和工艺的改进使 μVias 可以直接堆叠在一起。

需要填充掩埋的 μVias,而外部层上的盲 μVias 不需要填充。堆叠的 μVias 通常填充有电镀铜,以在多个 HDI 层之间形成电互连,并为 μVia 的外层提供结构支撑。

Altium Designer 19 支持从一层到相邻层的 μVias,支持的另一种类型的 μVias 称为 Skip μVia,此类型跳过相邻层,然后连接在下一个图层上。根据定义的图层跨度自动检测 Via 类型,如图 1-297 所示。经过多个层时,μVias 会自动堆叠。

图 1-297　定义 μVias

过孔在"层叠管理器"的"过孔类型"选项卡中定义。选择 Via Types 选项,单击 ✴ 按钮添加新的过孔跨度定义。在 Properties(属性)面板中选择过孔要跨越的第一层和最后一层。注意,如果过孔是 μVia,则选择两个层的顺序定义钻孔方向,如图 1-298 中锥形 μVia 形状的方向所示。

要定义 μVia,需要勾选 μVia 复选框。当通孔跨越相邻层或相邻的+1(称为跳过通道)时,此选项可用。新的 Via 定义自动命名为< Type >< FirstLayer >:< LastLayer >

（例如，Thru 1：2）。根据跨越的层和 μVia 选项自动检测类型。如果启用了"堆栈对称"选项，则"镜像"复选框将可用，启用此选项可定义从相反方向钻取的对称 μVia。过孔类型添加及属性设置如图 1-298 所示。

图 1-298　过孔类型添加及属性设置

在 PCB 中使用 μVias 进行设计时，放置过孔的状态下按 Tab 键修改过孔属性，如图 1-299 所示。

图 1-299　设置过孔属性

当更改布线图层时，将自动选择最适合该层跨度的 Via 类型。

过孔尺寸属性根据适用的 Routing Via Style 设计规则进行设计，所以需要在 PCB 设计规则及约束编辑器中定义合适的 Routing Via Style 设计规则，以确保放置的 μVias 尺寸正确。

如果有多个"通道类型"组合可用于适合跨越的图层，可以按快捷键 6 以循环显示可用组合。

1.3.28　PCB印刷电子的设置

能够将电子电路直接印制到基板上,减少沉积和蚀刻等相应步骤,使其成为产品的一部分,在设计需要相互交叉的路径的情况下,在该位置印刷一小片介电材料,充分扩展到交叉之外,以实现不同信号之间所需的隔离水平,实现无层设计概念。这种面向表面的技术被称为 Printing Electronics(印刷电子)。印刷电子目前还处于产业发展的初期阶段,但是已显现其市场规模具有很大的发展潜力。

基于这样的理念,Altium Designer 对 Printed Electronics 叠层设计的支持为设计人员提供了明显优势的新选择,Altium Designer 也将与使用印刷电子产品开发产品的公司密切合作,增强未来软件版本的功能。

在 Altium Designer 中设计印刷电子产品的步骤如下:

(1) 定义图层堆栈。按快捷键 D+K 进入层叠管理器,在 Features 下拉列表框中,选择 Printed Electronics,如图 1-300 所示。由图中可看出启用"印刷电子"功能之后,板层移除了介电层,因为印刷电子设备需要每层的输出文件,不使用介电层,介电层不用于生成输出文件。

图 1-300　印刷电子叠层

(2) 添加非导电层,在导电层之间,插入非导电层,并定义介电贴片。在图层上右击,从弹出的快捷菜单中执行 Insert layer below→Non-Conductive 命令,在上方或下方插入非导电图层,如图 1-301 所示。

图 1-301　插入非导电层

印刷电子产品不使用底部焊料或底部覆盖层,可移除。最终叠层效果如图 1-302 所示。Material 栏下的 ▦(省略号)按钮,可为每个图层设置材质属性。

#	Name	Type	Thickness	Dk	Material	
	Top Overlay	Overlay				
	Top Solder	Solder Mask	1mil	4	SM-001	⋯
7	Bottom Layer	Conductive	1.4mil			⋯
6	Layer 1	Non-Conductive	3.937mil		NCI-001	⋯
5	PWR03	Conductive	1.417mil			⋯
4	Layer 2	Non-Conductive	3.937mil		NCI-001	⋯
3	GND02	Conductive	1.417mil			⋯
2	Layer 3	Non-Conductive	3.937mil		NCI-001	⋯
1	Top Layer	Conductive	1.4mil			⋯

图 1-302　印刷电子叠层效果

(3) 对任意不同网络交叉处创建电介质形状。电介质形状须放到非导电层上,可手动定义,也可通过介电形状发生器自动创建。

① 手动定义。切换到非导电层,在走线交叉处,可放置圆弧、直线、填充或实心区域。如图 1-303 所示。

图 1-303　手动定义电介质形状

② 通过介电形状发生器自动创建电介质形状。在 PCB 编辑界面下,执行菜单栏中 "工具"→Printed Electronics→Generate Dielectric Patterns...命令,即可进入 Dielectric Shapes Generator 对话框,如图 1-304 所示。

图 1-304　Dielectric Shapes Generator 对话框

- Layers:生成器将识别所有相交处并根据对话框中的设置添加电介质块。若是 选择 All,可以在介电层上所有层之间的所有交叉产生介电形状;若是选择指定 的介电层,则 Layer Above/Below 分别选择介电层的上下信号层。
- Dielectric Shape Expansion:介电形状扩展。选择 Auto,电介质形状会自动扩 展,以满足适用的间隙约束设计规则的要求。选择 Manual,生成器构建一个形状 以匹配交叉对象形成的形状,然后根据输入的距离扩展该形状。
- Fill Gaps between dielectrics less than xx:填充小于 xx 的电介质之间的间隙。 如果要在介于小于指定数字的电介质之间填充间隙,指定间隙值。这可以用于将 相邻的电介质片合并成更大的片。

使用介电形状发生器的注意事项:

- 介电形状发生器需要安装扩展程序。单击菜单栏右侧的"当前用户信息"按钮 ⊖·,从下拉菜单中执行 Extensions and Updates...命令,如图 1-305 所示。
- 在 Extensions & Updates 页面下,单击"购买的"按钮,在 Softwate Extensions 选 项中选择 Patterns Generator 扩展程序,如图 1-306 所示。然后单击 ⬇ 下载扩展 程序。必须重新启动 Altium Designer 才能完成安装。
- 运行介电形状生成器时,它将删除目标层上的所有形状,然后重新创建。如果已 手动定义形状,在运行介电形状生成器之前锁定它们。

(4) 通过上述设置,可得如图 1-307 所示的印刷电子效果图。

图 1-305　扩展程序的扩展和更新

图 1-306　Patterns Generator 扩展程序

图 1-307　印刷电子局部效果图

1.3.29　元件的推挤和交换功能

1. 元件的推挤功能

实现元件的推挤功能比较简单,按快捷键 O＋P,打开系统"优选项"对话框,在 PCB Editor-Interactive Routing 页面中,将元件推挤模式设置为 Push,如图 1-308 所示。即可实现元件移动过程中的推挤(注:移动过程中按 R 键,可使元件在环绕、推挤和忽视 3 种模式下转换)。

2. 元件的交换功能

布局过程中实现两个器件的交换,选中需要进行交换的器件,右击,从弹出的快捷菜单中执行"器件操作"→"交换器件"命令,如图 1-309 所示,即可实现元件的交换。

图 1-308　元件推挤

图 1-309　元件交换

1.3.30　PCB 机械层的无限制添加

利用 Altium Designer 19 开展设计项目时,不同项目的工作方式存在微小的差异。在工程师之间,设计方式存在更多差异。Altium Designer 19 在所有项目和库之间保持层的统一,这在共享设计数据时尤其有用,确保每个人都在同一页面上。为了更好地组织和支持设计过程,Altium Designer 19 不限制用户可以创建的图层数量,使用户可以按照自己的方式工作。

在 View Configuration 面板中,右击机械图层,从弹出的快捷菜单中执行 Mechanical Layer→Add Mechanical Layer 命令,可以在 PCB 上添加任意数量的 PCB 机械层,如图 1-310 所示。

图 1-310　添加机械层

1.3.31　Altium Designer 19 增强的布线功能

1. 元件重新布线

在进行 PCB 布线时,设计人员可能需要调整布线元件的位置以创建新布线空间的情况并不少见。Altium Designer 19 新版本增加了布线感知移动元件的功能,在"优选项"对话框的 PCB Editor-Interactive Routing 页面中,勾选"元件重新布线"复选框,如图 1-311 所示。

图 1-311　元件重新布线

在移动元件过程中,可以按快捷键 Shift＋R 打开或关闭移动元件重新布线功能,当前状态显示在 Heads Up 显示栏中,如图 1-312 所示。

图 1-312　切换移动元件重新布线功能

2. 更改元件选择

在选中元件、导线以及过孔拖动时,可以更改要移动的对象集,按快捷键 Shift＋Tab 可循环切换选择以下对象集:

- 仅元件。
- 元件＋过孔扇出＋互联。
- 初始选择集。
- 仅返回到元件。

3. 显示/隐藏飞线

之前使用快捷键 N 打开/关闭飞线的显示。现在可以在拖动元件的状态下按快捷键 N 在三种状态间循环:无飞线连接、焊盘间飞线、布线间飞线。其中布线间飞线模式指的是器件被移动状态,释放后被切断并可能恢复到原来的位置。

4. 交互式布线跟随模式

布线过程中的一个常见要求是所设置的路线要跟随现有的形状或轮廓。该轮廓可以是障碍物、挖空、板沿或现有路线。

工程师不需要为了使新路线与现有轮廓对接,而是通过仔细、准确的鼠标移动和单击动作来与现有轮廓"较劲",在"跟随"模式下,只需单击指定轮廓,然后沿着轮廓移动光标定义出路线方向即可。在"跟随"模式下,交互式布线将添加走线和弧段,以便新路线能跟随轮廓进行布线。此功能特别适用于弯曲路线的设置。

要使用该功能,需启动交互式布线,选择布线连接,然后切换到所需的布线拐角样式(Shift＋空格键),按快捷键 Ctrl＋Shift＋F 进入"跟随"模式,然后在要跟随的轮廓上的任意位置单击。将光标移动到所需方向,软件将自动设置走线和弧段以跟随该方向的轮廓,如图 1-313 所示。

图 1-313　布线跟随模式

1.4　PCB 后期处理

1.4.1　Output job 设计数据输出

在 Output job 中准备多个输出可以为 PCB 设计生成多种输出,每种输出类型都有自己的设置。在 Altium Designer 中管理这么多输出的最佳方法是使用 Output job。Output job 是一组预先配置的输出,每个输出都配置有自己的设置和自己的输出格式,例如输出到文件或打印机。Output job 非常灵活,它们可以根据需要包含尽可能多的输出,并且任何数量的 Output job 都可以包含在 Altium Designer 项目中。最好的方法是使用一个 Output job 来配置从项目生成的每种特定输出类型所需的所有输出。例如,制造裸板所需的所有输出都在一个 Output job 中,组装板所需的所有输出都进入第二个 Output job,以此类推。

Output job 可以进行验证类型检查,例如 ERC 和 DRC 报告。在生成输出之前用于最终的检查是有用的,然后可以将这些报告保存起来。Output job 也可以在设计之间重复使用,只需将 Output job 从一个项目复制到下一个项目,然后根据需要重置数据源。

下面将详细介绍 Altium Designer 19 设置 Output job 的步骤。

(1) 添加和定义一个 Output job。执行菜单栏中"文件"→"新的"→"Output job 文件"命令,新建的 Output job 文件会添加到工程项目 Settings→Output Job Files 子文件中,如图 1-314 所示。

图 1-314　Output job 文件

配置 Output job 文件基本上有 3 个步骤:

- **添加和配置所需的输出**:将输出收集到功能类别中,例如装配输出、制造输出和报告输出。严格地说,输出本身是通过运行相关的输出生成器获得的,该输出生成器根据需要进行配置,并使用项目中的指定文档(或项目本身)作为其数据源。

- **添加和配置所需的输出格式**:生成任何给定的输出类型都需要将输出映射到相应的(适用的)输出格式。它采用支持的输出容器(PDF、文件夹结构、视频)或硬拷贝(基于打印的输出)之一的形式。可以将多个输出映射到同一容器或硬拷贝,并且用户可以控制输出的生成位置以及如何与容器/硬拷贝关联的任何与介质相关的选项。

- **设置变量选择**:Altium Designer 允许使用基础(非变化)设计驱动 PCB 项目的输出,或者通过指定使用该设计的已定义变量。选择每个适用输出的变量,或选择一个变量应用于文件中的所有适用输出。

(2)将输出内容添加到 Output job。通过单击类别底部相应的"Add New[类型]Output"文本并从弹出的菜单中选择所需的输出类型,添加所需类型的新输出。或者从"编辑"菜单中选择相关的命令,如图 1-315 所示。

图 1-315　将需要输出的内容添加到 Output job

项目中相应源数据的输出类型将列为可用,其他所有输出类型均列为不可用(显灰)。提供的二级菜单,用于指定源数据,也就是输出时要使用的源文档。每个输出只能使用适用的数据源,从而减少了出错的地方。

数据源取决于用户想要输出的内容。与 PCB 相关的输出,如 PCB 打印、Gerber 文件和测试点报告等,将使用 PCB 设计文件作为数据源。BOM 的数据源可以是单个的特定的源原理图文档、PCB 设计文档或所有的源原理图文档。如果导出的 BOM 是所有原理图的源文件时应选择[Project]。

(3)设置输出内容。将前面需要输出的内容添加到 Output job 中,接下来对输出的内容进行配置,也就是输出参数的设置,如图 1-316 所示。用户可以通过以下方式之一对输出内容进行配置:

- 在行中直接双击输出内容打开设置对话框。
- 右击所需的输出,然后从弹出的快捷菜单中执行"配置"命令。
- 选择所需的输出,按快捷键 Alt+Enter。
- 选择所需的输出,执行菜单栏中"编辑"→"配置"命令。

(4)选择输出容器。输出内容配置完成后,下一步是为 Output job 添加和配置输出

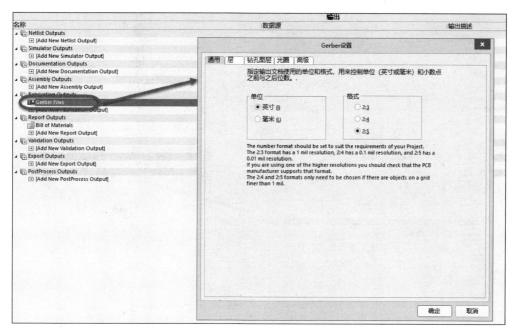

图 1-316　配置输出内容

要生成的内容和方式。输出容器可以输出三种类型的文件：PDF、Folder Structure(输出文件的特定格式,例如 Gerber 文件)、Video,如图 1-317 所示。用户根据需要输出文件的类型选择相应的输出容器。

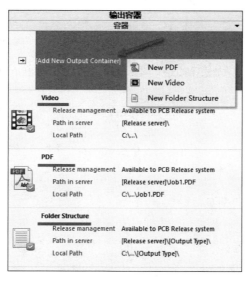

图 1-317　输出容器

　　用户可以添加任意数量的这些类型的其他容器,通过单击[Add New Output Containe]文本可以添加新的容器并编辑它们的名称以便识别。

　　(5) 设置输出容器。单击"改变"按钮可以打开该特定类型"输出容器"设置对话框,如图 1-318 所示。

图 1-318 "输出容器"设置对话框

在该对话框中可以设置输出容器的路径、容器类型文件夹、输出文件夹/输出文件名。

- **输出容器路径设置**：在默认情况下，设置为[Release Managed]，这意味着 Design Data Management 系统将自动处理基本路径。可以通过切换到[手动管理]来指定路径和定义本地输出路径，如图 1-319 所示。

图 1-319 输出容器路径设置

- **容器类型文件夹**：在此处可以设置生成的媒体容器类型定义子文件夹。它可以由系统命名(使用容器名称或类型)，或者由设计者根据需要给出自定义名称，如图 1-320 所示。

图 1-320　容器类型文件夹设置

- **输出文件夹/输出文件名**：此功能取决于为其指定输出位置的输出容器类型。对于 PDF 或视频容器类型，此处输入所需的文件名。在默认情况下，生成容器中的多个输出将整理到单个文件中，但设计器可以根据需要为每个输出生成单独的文件，如图 1-321 所示。

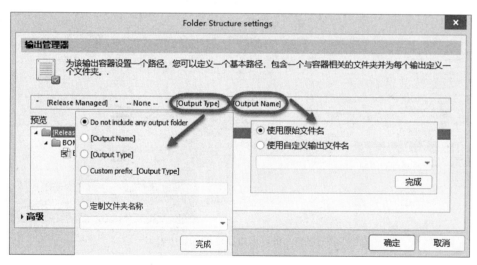

图 1-321　输出文件夹/文件名设置

此外，要进一步访问与生成输出到容器相关的更多高级选项，可以单击对话框底部的"高级"按钮，如图 1-322 所示。

（6）将输出内容链接到输出容器。输出内容和输出容器设置完成后，最后的步骤就是将输出内容链接到输出容器了。此处以输出 Gerber 文件为例，在输出内容中设置需要输出的内容，并设置输出容器，勾选需要输出内容，即可看到链接关系，如图 1-323 所示。

图 1-322　"输出容器高级"设置对话框

图 1-323　将输出内容链接到输出容器

（7）输出生成内容。单击输出容器中的"生成内容"按钮，即可将输出内容输出到指定的路径下，如没有更改输出路径，输出的内容将在工程文件路径下的 Project Outputs for...文件夹中，如图 1-324 所示。

（8）硬拷贝。某些输出（包括原理图打印、装配图和 BOM）也可以直接发送到硬拷贝，Output job 默认包含一个名为 Print Job 的打印作业，在 Output job 左侧的输出容器中添加和配置需要打印的文件，并指定到右侧的 Print Job 中，单击"改变"按钮可以设置打印属性，单击"预览"按钮可以查看当前文件的打印预览，单击"打印"按钮进行打印，如图 1-325 所示。

图 1-324　输出生成内容

图 1-325　输出打印作业

1.4.2　Draftsman 的应用

Draftsman 是为电路板设计制作图形文档的另一种方法。基于专用文件格式和绘图工具集,Draftsman 绘图系统提供了一种交互式方法,可将制作和装配图与自定义模板、注释、尺寸、标注和注释结合在一起。

Draftsman PCB 绘图功能可以通过 Altium Designer 扩展应用程序获得,该应用程序随 Altium Designer 自动安装。可以从 Extensions&Updates 页面手动安装/删除或更新扩展(也可从"系统用户菜单"中单击 图标执行 Extensions and Updates...命令),如图 1-326 所示。

图 1-326　Draftsman 应用程序

Draftsman 能做什么?

(1) Draftsman 可以快速、简洁而且不会出错地提供实时文档录入和出图系统。

(2) 不需要导入导出设计数据,避免数据传输过程可能出现的错误。

(3) 不需要额外设置机械层来记录用户的设计意图和说明信息。

(4) 提供新的绘图引擎和插图工具可供使用。

(5) 自动维护和遵循公司标准进行批量出图。

(6) 客户定制的文档录入模版。

(7) 预先设置多张图纸规范或者对单张图纸进行个性化设置。

(8) 出图一致性,每次出图采用同种方式和套路。

Draftsman 主要功能如下:

(1) 从源 PCB 设计文件自动提取绘图数据。

(2) 单击即可更新更改过的 PCB 数据。

(3) 可实时交互式放置和布局如下内容:

① 装配视图和制造视图。

② 板级详细视图和板级剖视图。

③ 层堆栈图例。

④ 钻孔图和钻孔列表。

⑤ 材料清单(BOM)。

⑥ 标注、注释和测量尺寸。

(4) 以自定义的模板自动生成图纸。

(5) 支持装配变量。

(6) 可用做输出作业 Output job 文件输出。

(7) 直接生成 PDF 文件或打印输出。

下面详解介绍在 Altium Designer 19 中 Draftsman 的应用。

1. 创建 Draftsman 文档

打开一个需要创建 Draftsman 的工程,然后执行菜单栏中"文件"→"新的"→

Draftsman Document 命令,弹出 New Document 对话框,在该对话框中可以选择预定义的文档模板(安装时提供三个)或创建空白 A4 文档的[Default]选项,并且新建的 Draftsman Document 文件后缀名为.PcbDoc 且默认存放到工程文件路径下,如图 1-327 所示。

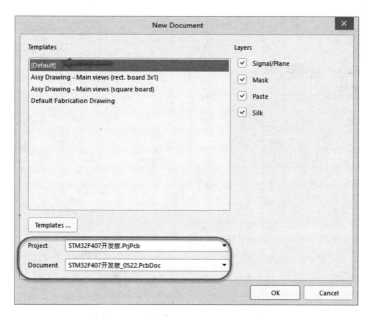

图 1-327 新建 Draftsman Document

PCB Draftsman 文件是一种多页格式,允许文档包含分配给特定类型的电路板项目生产信息的单个页面(表格)。可以执行菜单栏中 Tool→Add Sheet 命令添加新的页面,也可以在 Draftsman 编辑区域右击,从弹出的快捷菜单中执行 Add Sheet 命令添加新的页面。

2. Draftsman 页面选项设置

Draftsman 的页面可以在 Properties(属性)面板中进行设置当前页面或文档中所有页面的基本参数(大小、边距等)。也可以将页面格式定义为自定义大小,或者通过加载工作表模板文档。如图 1-328 所示。

3. 放置绘图数据

1)装配图

在 Draftsman 编辑环境下执行菜单栏中 Place→Board Assembly View 命令即可放置 PCB 文件的装配图。Draftsman Board Assembly View 是一个自动图形复合材料,包括有源 PCB 项目的电路板轮廓、切口、孔和元件图形以及附加符号。通过菜单栏放置,或者右击,从弹出的快捷菜单中执行 Place→Board Assembly View 命令将指定源项目 PCB 的装配视图放置在文档中,如图 1-329 所示。

Board Assembly View 的组件图形是自动生成的,并从多个来源优先获取数据,例如:

图 1-328　Draftsman 页面选项设置

图 1-329　放置装配图

- 板组件的三维模型（3D 模型）的投影——默认使用。
- 从顶部/底部覆盖层获取的组件的丝印图形——在 3D 模型不可用时使用。
- 组件尺寸的图形来自其接触垫（其边界框）——当 3D 模型和屏幕叠加都不可用时使用。

可以放置不同视图的装配视图，双击 View from…打开属性面板，在 View Side 中修改装配视图，如图 1-330 所示。

图 1-330　不同视图的装配图

2）板制造图

Board Fabrication View 是 PCB 项目未填充（裸）板的自动图形复合材料，从顶部或底部看，可通过执行菜单栏中 Place→Board Fabrication View 命令放置，或单击工具栏中 Insert Board Fabrication View 按钮 ⬛ 进行放置，如图 1-331 所示。

3）钻孔图和钻孔列表

Drill Drawing View 是源 PCB 文件项目的板轮廓和钻孔的自动图形复合材料。通过执行菜单栏中 Place→Additional Views→Drill Drawing View 命令放置钻孔图，如图 1-332 所示。

Drill Table 提供了板钻孔符号和相关数据的表格视图，其中表示指定类型钻孔的符

图 1-331　板制造视图

图 1-332　钻孔图

号行可以包括一系列孔信息,例如其尺寸、电镀结构和偏差数。孔类型按 Symbol 框中指定的符号分组。执行菜单栏中 Place→Drill Table 命令可放置当前 PCB 钻孔列表,如图 1-333 所示。

　　4）图层堆栈图例

　　图层堆栈图例视图以放大剖视图显示了电路板的内部结构。它包括堆栈中每个层的详细描述和信息,包括与每个层关联的 Gerber 文件。执行菜单栏中 Place→Layer Stack Legend 命令放置图层堆栈图例,如图 1-334 所示。

Drill Table				
Symbol	Count	Hole Size	Plated	Hole Tolerance
✤	743	0.25mm	Plated	None
◈	1	0.75mm	Plated	None
✧	6	0.80mm	Plated	None
◇	226	0.90mm	Plated	None
◎	2	0.90mm	Non-Plated	None
✿	13	1.00mm	Plated	None
✖	1	1.05mm	Plated	None
✪	5	1.10mm	Plated	None
○	3	1.20mm	Plated	None
⊠	1	1.45mm	Plated	None
□	2	1.50mm	Plated	None
☆	2	2.00mm	Plated	None
▣	2	2.30mm	Plated	None
⊕	4	3.00mm	Plated	None
△	2	3.25mm	Plated	None
✿	2	3.50mm	Plated	None
	1015 Total			

图 1-333　钻孔列表

图 1-334　图层堆栈图例

默认情况下,每个图层的信息都是从"层叠管理器"(PCB 编辑器中的"设计"→"层叠管理器")中定义的"板层堆栈"中相应属性派生而来,但是可以编辑和扩展图层描述属性。在 Draftsman 中通过属性面板和"图层信息"对话框设置。

5) BOM

物料清单(BOM)是一个自动生成的表对象,列出了 PCB 设计中的物理组件项。BOM 表数据直接来自项目 PCB 文件,执行菜单栏中 Place→Bill Of Materials 命令放置 BOM,如图 1-335 所示。

Bill Of Materials			
Line #	Designator	Comment	Quantity
1	B1	BEEP	1
2	C1, C2	6P	2
3	C3, C4	20P	2
4	C5, C6	225	2
5	C7, C22, C27, C31, C43, C47, C48	106	7
6	C8, C9, C10, C11, C12, C13, C14, C15, C16, C17, C19, C20, C21, C23, C24, C25, C26, C28, C29, C30, C32, C33, C34, C35, C36, C37, C38, C39, C40, C41, C42, C44, C45, C46, C49, C50, C51, C52, C53, C54, C55, C56, C57, C58	104	44
7	C18	103	1
8	CON1	3.5*1.3	1
9	CR1	Battery	1
10	DZ1	5.0V	1
11	E1	220uF/16V	1
12	E2	10UF/16V	1
13	F1, F2	1A	2
14	IC1	W25Qxx	1
15	IC2	24Cxx	1
16	IC3	MAX232	1
17	IC4	DS18B20	1

图 1-335　Bill Of Materials

在属性面板中可以对 BOM 表进行属性设置,该面板提供 BOM 的大多数方面的配置选项,包括其可视属性和数据内容源。可以设置 BOM 中显示的条目、控制 BOM 列表的可见性、文本对齐、宽度和数据排序顺序,还可以通过表格参数名称的别名来更改 BOM 标题,如图 1-336 所示。

图 1-336　BOM 属性设置

此外,在 Draftsman 中还可以拆分 BOM 表。大多数高级 PCB 项目的物料清单文档往往具有大量条目,这些条目很难重新创建为适合绘图文档的表格。Properties 面板中的"拆分 BOM"功能允许在多个"页面"上显示 BOM 表。

要创建多个 BOM 页面,先选中已经放置的 BOM 表(可能超过文档工作表高度),然后在 Properties 面板的 Pages 选项中勾选"Limit Page Height(限制页面高度)"复选框,这会将 BOM 的高度限制为指定的高度条目(Max Page Height,mm),从而将 BOM 表中显示的行数限制,如图 1-337 所示。

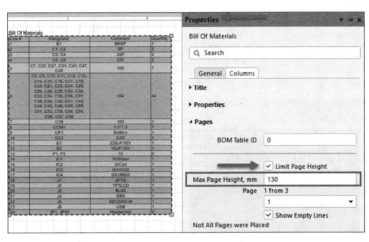

图 1-337　限制 BOM 页面高度

Draftsman 检测到整个 BOM 未完全显示,如面板页面条目所示(例如 Page 1 form 3),相关的下拉菜单允许用户指定显示哪个页面。要放置为显示的 BOM 表,需放置另一个 BOM,并在 Properties 面板的 Pages 选项中指定 page 的下一页,如图 1-338 所示。

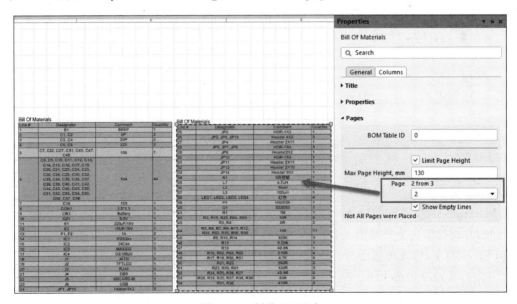

图 1-338　拆分 BOM 表

6）标注、注释、测量尺寸

Draftsman 支持放置和配置行业标准几何尺寸和几何公差符号元素的功能,这些元素定义图形中包含的对象的制造属性。Draftsman 提供了一系列额外的绘图和注释工具,旨在为绘图文档添加重要信息。这些信息包括自动注释和突出显示系统以及自由格式绘图功能。可以将对象尺寸图形放置在板视图(装配、制造、部分、细节等)上以指示对象轮廓的长度、尺寸和角度,或指定的对象之间的距离。通过 Place 菜单栏或者绘图工具栏放置这些标注信息,如图 1-339 所示。

图 1-339　放置标注信息

4. 文档输出

Draftsman 文档可以与 Altium Designer(原理图、PCB 等)中的其他基于图形的文档相同的方式打印或生产输出文件。新的 Draftsman 文档(一旦保存)会自动添加到相关的 PCB 项目中,因此可用于所有正常的文档生成和打印过程。

1）打印或导出为 PDF

要打印当前活动的图纸文档,可执行菜单栏中 File→Print...命令,或者按快捷键 Ctrl+P,然后以正常方式选择打印选项。对于 Draftsman 文档,"打印"对话框包括带页面导航选择器的可缩放打印预览。

要将图纸文档导出为单页或多页 PDF 文件（由文档结构确定），执行菜单栏中 File→Export to PDF...命令，如图 1-340 所示。

2）添加到 Output job

通过打开现有的 Output job 文件或创建新的 Output job 文件，将 Draftsman 文档添加到 Output job，选择 Documentation Outputs 部分下的［Add New Documentation Output］选项，然后选择 Draftsman 文件（或所有可用文档）。通过选择输出容器选项，然后选中与 Draftsman 条目关联的 Enable（使能的）选项，将新添加的 Output 文件分配给 PDF 输出或打印输出，如图 1-341 所示。

图 1-340　打印或导出为 PDF

图 1-341　添加到 Output job

1.4.3　新的 Pick and Place 生成器

Altium Designer 19 提供新的 Pick and Place 生成器，允许用户在生成输出之前选择 Pick and Place 选项。生成器使用户可以更轻松地准备坐标文本文件，而无须始终执行后处理。在其他功能中，用户可以按参数（按层、类型或封装）过滤组件、自定义列、设置单位类型和输出格式。生成器还可以在标题中选择过滤器以及按一列或多列对数据进行排序。在新生成器底部的设置中，可以选择不在生成的输出中包含用于过滤的参数，方法是启用排除过滤器参数。要包括输出.txt 文件中未安装的所有组件，启用"包含变体组件"。

用户可以通过以下两种方式之一从 PCB 编辑器访问新的 Pick and Place 生成器。要从 Output job 生成 Pick and Place 文本文件，双击 Output job 的"输出"区域中的"Assembly Outputs（装配输出）"下的［Add New Assembly Output］选项，选择添加"Generates pick and place files"。如图 1-342 所示。

从 PCB 编辑器中，执行菜单栏中"文件"→"装配输出"→Generates pick and place files 命令，进行坐标文件输出，如图 1-343 所示。

在"拾放文件设置"对话框中，可以在"所有列"中选择包含在输出文件中的内容。"输出设置"可以设置单位类型和输出格式，如图 1-344 所示。

图 1-342　从 Output job 生成 Pick and Place

图 1-343　从 PCB 编辑器中生成 Pick and Place

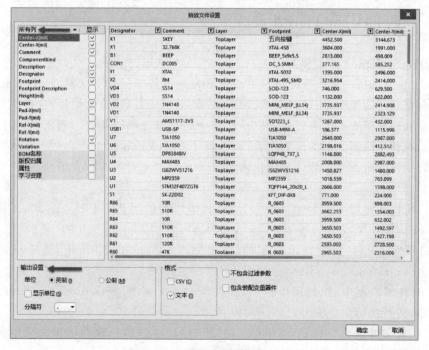

图 1-344　"拾放文件设置"对话框

单击"确定"按钮后将生成输出文本文件。输出文件的示例如图 1-345 所示。

```
Pick Place for STM32F407开发板_0322.txt - 记事本
文件(F) 编辑(E) 格式(O) 查看(V) 帮助(H)
Variant:   No variations
Units used: mil

Designator Comment    Layer   Footprint       Center-X(mil) Center-Y(mil) Rotation Description
K1      5KEY      TopLayer 五向按键          4452.500    3144.673    90     ""
X1      32.768K   TopLayer XTAL-4S8         3604.000    1991.000    180    2脚晶振
B1      BEEP      TopLayer BEEP_5x9x5.5     2813.000    498.009     90     蜂鸣器
CON1    DC005     TopLayer DC_5.5MM          377.165    585.252     360    低压电源接口
Y1      XTAL      TopLayer XTAL-5032        1395.000    2496.000    270    ""
X2      8M        TopLayer XTAL-49S_SMD     3216.954    2414.000    180    2脚晶振
VD4     SS14      TopLayer SOD-123           746.000    629.500     90     肖特基二极管
VD3     SS14      TopLayer SOD-123          1132.000    622.000     360    肖特基二极管
VD2     1N4148    TopLayer MINI_MELF_(LL34) 3735.937    2414.908    180    高速开关二极管
VD1     1N4148    TopLayer MINI_MELF_(LL34) 3735.937    2323.129    180    高速开关二极管
V1      AMS1117-3V3 TopLayer SOT223_L       1267.000    432.000     270    三端稳压芯片
USB1    USB-5P    TopLayer USB-MINI-A        186.377    1115.996    180    微型USB母座
U7      TJA1050   TopLayer TJA1050          2640.000    2987.000    180    ""
U6      TJA1050   TopLayer TJA1050          2198.016    412.512     180    ""
U5      DP83848IV TopLayer LQFP48_7X7_L     1146.000    2882.493    180    ""
U4      MAX485    TopLayer MAX485           2008.000    2987.000    180    ""
U3      IS62WV51216 TopLayer IS62WV51216    1450.827    1480.000    90     ""
U2      MP2359    TopLayer MP2359           1018.559    763.099     270    ""
U1      STM32F407ZGT6 TopLayer TQFP144_20x20_L 2666.000 1598.000    135    ""
S1      SK-22D02  TopLayer KFT_DIP-8X8       771.000    224.000     270    2路波动开关
```

图 1-345　输出 Pick and Place 文件示例

1.4.4　3D PDF 的输出

Altium Designer 19 带有 3D 输出功能，能够直接将 PCB 的 3D 效果输出到 PDF 中。

（1）打开带有 3D 模型的 PCB 文件，执行菜单栏中"文件"→"导出"→"PDF3D"命令，选择导出文件的保存路径，弹出 Export 3D 设置对话框，保持默认即可，单击 Export 按钮等待软件导出 PDF 3D，如图 1-346 所示。

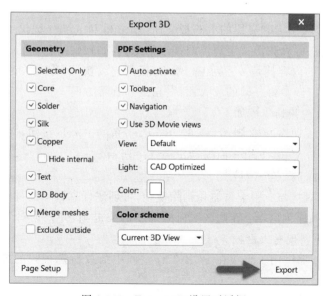

图 1-346　Export 3D 设置对话框

（2）用 Adobe Acrobat DC 软件打开导出的 3D PDF 文件，如图 1-347 所示。这个 3D PDF 是有物理连接的、支持编辑的、可以旋转角度。在 PDF 的左边，可以选择需要查看的参数，如 Silk、Components 等。

图 1-347 导出的 3D PDF

提示：导出的 PDF 3D 需要用能查看 3D 的 PDF 软件打开，否则看不到 3D 效果。

1.4.5 制作 PCB 3D 视频

为了提供更具吸引力和有用的电路板文档，Altium Designer 提供了生成 PCB 3D 视频文档的功能，用户可以获得特定物体的详细信息，例如软硬结合板的折叠过程。

PCB 3D 视频的内容就是一系列 PCB(3D)板的连续快照，称为关键帧。在每个关键帧序列中，用户可以调整每一帧的放大比例、角度和旋转方向。

制作 PCB 3D 视频的步骤如下：

（1）按快捷键 3 切换 PCB 到 3D 模式，单击右下角的 Panels 按钮，选择 PCB 3D Movie Editor，打开 PCB 3D Movie Editor 面板，如图 1-348 所示。

面板主要分为如下三个区域：

① 3D 视频管理区域：用于添加和删除视频，可创建任意数量的视频。

② 定义关键帧序列区域：在此区域可添加新的关键帧，并根据对工作区中 3D 板显示所做的更改来更新现有关键帧。

③ 控件区域：提供用于直接在 PCB 工作空间中播放所选视频的控件，实现对视频的播放控制。

注意：① 3D 视频的所有配置信息都存储在 PCB 文档中，即每个 PCB 都有相应的

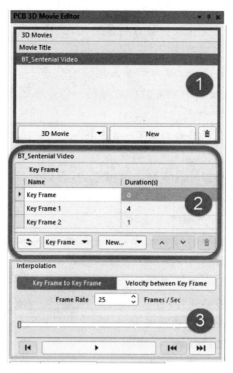

图 1-348　PCB 3D Movie Editor 面板

3D 视频列表。

② 3D 模式下才能对 PCB 3D Movie Editor 面板进行编辑,在 2D 模式时,会提示警告,如图 1-349 所示。

(2) 添加新视频。在视频管理区域单击 New 按钮,或按快捷键 Ctrl＋N,即可添加并命名新视频。

(3) 定义关键帧序列。视频实际是由一帧一帧的画面组成,所以用户需定义组成视频的每一帧画面。3D 模式下,在 PCB 面板中将 PCB 的板子旋转或调整到用户想要呈现的样子,然后切换到 PCB 3D Movie Editor 面板中的 Key Frame 列表进行添加,如图 1-350 所示。

图 1-349　2D 模式下视频失效警告　　　　图 1-350　添加新视频操作

注意：① Name 选项可修改关键帧名字,软件默认命名为 Key Frame、Key Frame 1 等。

② Duration(s)用于设置关键帧的播放持续时间,软件默认 3.0s,用户可自定义 0.0～100.0s。

③ 通过单击 ∧ 和 ∨ 按钮,可以调整关键帧的顺序。

④ 软件自定义初始关键帧的固定时间持续为 0.0s,用户无法删除初始关键帧,并且不能在其上方添加新的关键帧。

⑤ 若是修改关键帧,在调整好画面后,单击 Key Frame ▼ 按钮,选择 Update 更新修改,或按快捷键 Ctrl＋A。

(4) 视频播放预览。添加并设置好关键帧之后,可以直接在设计工作区中预览生成的视频。单击控件区域中按钮 ▶ ,即可播放视频。

注意：① 视频至少有两个帧才能播放。

② 按钮 ◂ :用于将电影倒回初始关键帧;按钮 ◂◂ :跳转到序列中上一个关键帧的开头。按钮 ▸▸ :跳转到序列中下一个关键帧的开头。

③ 插值设置。用于在一个关键帧和下一个关键帧之间创建无缝流的插值样式,以及播放帧的速率。Altium Designer 可以使用两种类型的插值,可以选择在两者之间切换,如图 1-351 所示。

图 1-351　插值设置

- Key Frame to Key Frame：关键帧间线形插值——在关键帧间使用球面线性插值算法,会导致在每个帧的最后变慢。

- Velocity between Key Frame：关键帧间匀速插值——在关键帧间使用二次样条插值算法,细分旋转的范围使其小于 90 度。得到的结果是速度稳定、更加完美的关键帧之间的变化,在两帧之间不会产生显著的减慢速度。

- PCB 编辑器内的播放默认帧速率为 25 帧/秒。视频中使用的帧总数取决于为每个关键帧设置的持续时间。使用 Frame Rate(帧速率)可根据需要增加或减少此速率。帧速率可以是 1～50 的任何值。

(5) 输出 3D 视频文件。PCB 3D 视频输出是 Output job 的可配置的一部分,可以使用多媒体输出媒介产生。

① 按快捷键 F＋N＋U,给工程文件添加一个 Output job 文件。

② 给 Output job 文件添加一个多媒体输出媒介,操作如图 1-352 所示。

图 1-352　添加多媒体内容

③ 配置 3D 视频输出。双击 PCB 3D Video，可设置视频相应显示效果，如图 1-353 所示。

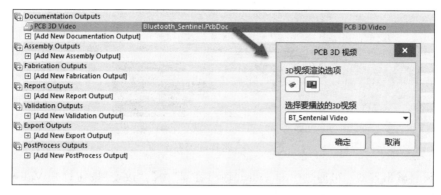

图 1-353　打开配置选项

- ：单击此按钮可切换电路板阴影效果的显示。
- ：单击此按钮可打开"视图配置"对话框，可以调整电路板的外观和感觉，并根据需要更改 3D 机身和通用 3D 模型的任何设置，如图 1-354 所示。

图 1-354　"视图配置"对话框

④ 为 3D 视频选择输出容器,如图 1-355 所示。

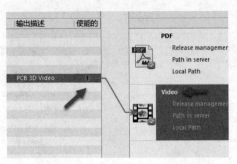

图 1-355　选择输出容器

⑤ 设置输出容器。可通过单击 Video"输出容器"中的"改变"按钮打开 Video settings 对话框,如图 1-356 所示,根据需要进行设置。

图 1-356　Video settings 对话框

⑥ 设置完成之后,即可单击"输出容器"中的"生成内容"按钮,视频将会输出到工程文件下的 Project Outputs for...文件夹中,效果如图 1-357 所示。

STM32 › 新建文件夹 › BT › Project Outputs for BT

Job1.wmv

图 1-357　输出的 3D 视频

1.4.6　导出钻孔图表的方法

在 PCB 中导出钻孔图表的步骤如下：

（1）切换至 Drill Drawing 层，放置文本 Legend，这时软件会提示 Legend is not interpreted until output（直到输出才会解释图例），如图 1-358 所示。

图 1-358　放置文本.Legend

（2）执行菜单栏中"文件"→"制造输出"→Drill Drawings 命令，即可输出如图 1-359 所示的钻孔图表。图中分别列出了几种孔径、PTH 和 NPTH 以及每种的图示和数量总结表。

○	3	55.12mil (1.400mm)	11
—	52	33.47mil (0.850mm)	-
☆	56	37.40mil (0.950mm)	-
✦	623	10.00mil (0.254mm)	-
	736 Total		

Slot definitions : Routed Path Length　= Calculate
　　　　　　　　Hole Length　　= Routed Path Le

图 1-359　钻孔图表

还可以利用 Draftsman 导出钻孔图表，方法在前面已经介绍，这里不再赘述。

1.4.7　邮票孔的设置

PCB 中的邮票孔一般有两种用途。一是在拼板设计时用于主板和副板的分板，或者 L 形板子的折断，主板和副板有时需要筋连接，便于切割，在筋上面会开一些小孔，类似于邮票边缘的那种孔，称为邮票孔。这种孔主要是为了方便 PCB 的分割。二是用在 PCB 边的邮票孔，也叫 PCB 半孔，不同于拼板邮票孔，这种邮票孔主要用在核心板和模块上，用于核心板与底板的焊接或者模块的焊接。

1. PCB 拼板邮票孔

这种孔的做法为放置孔径(包括焊盘大小)为 0.5mm 的非金属化孔,邮票孔中心间距为 0.8mm,每个位置放置 4～5 个孔,主板与副板之间距离 2mm。邮票孔的放置效果如图 1-360 所示。

图 1-360　拼板邮票孔

2. PCB 半孔

按照图 1-361 所示的尺寸演示 PCB 半孔的设计。

(1) 邮票孔焊盘的制作。

从图 1-362 中可以看出,焊盘的长为 1mm,宽为 0.9mm,钻孔半径为 0.3mm,在 Altium Designer 的"焊盘属性编辑"对话框中输入这些数据,如图 1-362 所示。

(2) 焊盘的定位,其方法与绘制 PCB 封装时快速定位焊盘位置的方法一致,这里就不再赘述,完成后的 PCB 半孔如图 1-363 所示。

图 1-361　PCB 半孔尺寸

图 1-362　设置焊盘参数

图 1-363　PCB 半孔设置

1.4.8　Gerber 文件转 PCB

Altium Designer 导入 Gerber 并转换成 PCB 的操作步骤如下：

（1）打开 Altium Designer 软件，执行菜单栏中"文件"→"新的"→"项目"命令，新建一个 PCB Project，并且新建一个 CAM 文档添加到工程中，如图 1-364 所示。

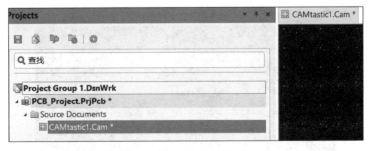

图 1-364　新建 CAM 文档

（2）Gerber 文件有两种方法导入，一种是执行菜单栏中"文件"→"导入"→"快速装载"命令，能直接将 Gerber 的所有文件导入，包括钻孔文件等。另一种是先导入 Gerber 文件，再导入钻孔文件，得到的效果与前面的方法一样。Gerber 文件的导入如图 1-365 所示。

（3）单击"确定"按钮，等待软件导入 Gerber 文件并转换，转换之后的效果如图 1-366 所示。

（4）Gerber 文件导入之后，核对层叠是否对应一致，执行菜单栏中"表格"→"层"命令，在弹出的"层表格"对话框中设置好层顺序，如图 1-367 所示。

图 1-365　导入 Gerber 文件

图 1-366　Gerber 导入效果

为了更好地识别和设置对应叠层,下面提供 Altium Designer 的 Gerber 文件扩展名的定义。

- gbl-Gerber Bottom Layer:底层走线层;
- gbs-Gerber Bottom Solder Resist:底层阻焊层;
- gbo-Gerber Botom Overlay:底层丝印层;
- gtl-Gerber Top Layer:顶层走线层;

图 1-367　层叠对应设置与叠层顺序设置

- gts-Gerber Top Solder Resist：顶层阻焊层；
- gto-Gerber Top Overlay：顶层丝印层；
- gd1-Gerber Drill Drawing：钻孔参考层；
- gm1-Gerber Mechanical1：机械1层；
- gko-Gerber KeepOut Layer：禁止布线层；
- txt-NC Drill Files：钻孔层。

（5）提取网络表，执行菜单栏中"工具"→"网络表"→"提取"命令，进行网络表的提取，然后在CAMtastic面板中查看添加进来的网络，如图1-368所示。

（6）如果Gerber文件中包含IPC-D-365（IPC网表文件），执行菜单栏中"工具"→"网络表"→"重命名网络表"命令，则可以对网络进行准确的命名，若没有IPC网表文件则忽略这一步。

（7）输出PCB文件，执行菜单栏中"文件"→"导出"→"输出到PCB"命令，得到PCB文件如图1-369所示。至此，Gerber文件转换为PCB完成。

图 1-368　提取网络表

图 1-369　Gerber 转 PCB 效果图

设计规则用于定义设计的要求,对 PCB 布局布线进行约束,也为后期的 DRC 检查提供依据,是 PCB 设计中关键的环节。用户在设计过程中,有时需要针对某些特定对象进行高级规则设置,以便能更好地实现设计需求,Altium Designer 19 为此提供了多种详尽的规则类型、Object Macthes 中的各个选择对象和 Custom Query,为用户的设计提供了良好的灵活性。

本章将分别介绍特定对象的相关高级规则,并详细讲解 Query 语句的设置及应用。

学习目标:

• 掌握对特定对象的规则设置方法。

• 了解 Query 语句的设置方法。

2.1 铺铜高级连接方式

1. 过孔和焊盘全连接

在 PCB 编辑环境下,按快捷键 D+R 打开"PCB 规则及约束编辑器"对话框,在 Plane→Polygon Connect Style 规则项中将铺铜连接方式改为全连接,如图 2-1 所示。

2. 过孔全连接,焊盘热焊盘连接

(1) 在 PCB 编辑环境下,按快捷键 D+R 打开"PCB 规则及约束编辑器"对话框,在 Plane→Polygon Connect Style 规则项中选中 Polygon Connect 右击,从弹出的快捷菜单中,执行"新规则"命令,新建一个铺铜连接方式规则,单击新建的规则即选中该规则,在"名称"文本框中可以修改该规则的名称,如图 2-2 所示。

(2) 设置铺铜连接方式规则。选择"高级"模式的规则,在该模式下可以分别设置通孔焊盘、贴片焊盘以及过孔的连接方式,单击下方的"优先级"按钮把新建的铺铜连接方式规则优先级设置最高(1 为最高,2 次之,……),如图 2-3 所示。

图 2-1 过孔和焊盘全连接

图 2-2 新建铺铜规则

（3）回到 PCB 编辑环境下进行铺铜,铺铜网络选择 GND,铺铜完成后可以看到网络名为 GND 的过孔与铜皮为全连接的方式,网络名为 GND 的通孔焊盘及贴片焊盘与铜皮的连接方式为热连接的方式,如图 2-4 所示。

3. 表层过孔热焊盘连接,内层过孔全连接

（1）在 PCB 编辑环境下,按快捷键 D+R 打开“PCB 规则及约束编辑器”对话框,在 Plane→Polygon Connect Style 规则项中选中 Polygon Connect_2,右击,从弹出的快捷菜单中执行“新规则”命令,新建一个铺铜连接方式规则,单击新建的规则即选中该规则,在“名称”文本框中可以修改该规则的名称,如图 2-5 所示。

图 2-3 过孔全连接,焊盘热焊盘连接规则设置

图 2-4 过孔全连接,焊盘热焊盘连接效果图

图 2-5 新建铺铜连接方式规则

（2）设置铺铜连接方式规则。在 Where The First Object Matches 和 Where The Second Object Matches 约束项中单击"查询助手"按钮,输入查询语句,如图 2-6 所示。

图 2-6　过孔与铜皮的连接方式设置

（3）规则设置完成后,回到 PCB 编辑环境下进行铺铜,可以看到表层的过孔与铜皮的连接方式为热连接的方式,中间层的过孔与铜皮的连接方式为全连接的方式。如图 2-7 所示。

4. 根据选择的过孔和焊盘定义铺铜连接方式

除了设置约束规则来设置过孔和焊盘与铜皮的连接方式外,还可以在 Altium Designer 19 中的属性面板中为选择的焊盘和过孔指定与铜皮的连接方式。下面介绍在属性面板中定义过孔和焊盘与铜皮的连接方式的详细步骤。

（1）选择需要设置连接方式的过孔或焊盘,打开 Properties(属性)面板,在 Size and Shape 选项下勾选 Thermal Relief 复选框,单击右侧的 □ 按钮即可打开 Edit Polygon Connect Style 对话框,在该对话框中可设置过孔或焊盘与铜皮的连接方式,如图 2-8 所示。

图 2-7　表层过孔热焊盘连接，内层过孔全连接

图 2-8　在 Properties 面板中设置过孔/焊盘与铜皮的连接方式

(2) 如需设置不同层的过孔或焊盘为不同的连接方式,需在 Size and Shape 选项下选择 Top-Middle-Bottom 或者 Full Stack 模式,然后即可对不同的层设置不同的连接方式,如图 2-9 所示。

图 2-9　在 Properties 面板中设置不同层的过孔/焊盘连接方式

2.2　高级间距规则

1. 铺铜间距 12mil,其他安全间距 8mil

Altium Designer 间距规则默认为 10mil,这个是所有电气对象之间的间距规则,没有区分单独过孔到焊盘、走线到铺铜等的间距,想要设置高级的间距规则,需要新建一个安全间距规则。

(1) 在 PCB 设计环境下,按快捷键 D+R 打开"PCB 规则及约束编辑器"对话框,将软件默认的间距规则改为 8mil,如图 2-10 所示。

(2) 将光标移动到 Clearance 处右击,从弹出的快捷菜单中执行"新规则"命令,新建一个安全间距规则并将规则名称命名为 Clearance_InPoly。在 Where The First Object Matches 中选择 Custom Query,并在查询语句框中输入 InPoly,将规则约束值改为 12mil。单击"编辑规则优先级"对话框下方的"优先级"按钮,检查新建的规则是否为最高优先级(1 为最高,2 次之,……)如图 2-11 所示。

图 2-10　设置整板间距规则

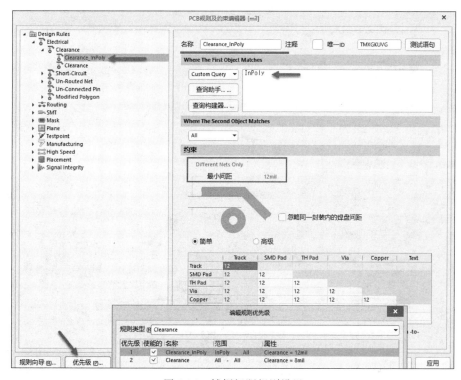

图 2-11　铺铜间距规则设置

（3）回到 PCB 编辑环境下进行铺铜，铺铜完成后可以看到铜皮与其他对象的安全间距为 12mil，而其他对象之间安全间距为 8mil，如图 2-12 所示。

图 2-12　铺铜间距 12mil，其他安全间距 8mil

此外，在 Altium Designer 19 中，铺铜间距规则除了设置单独的铺铜间距规则外，还可以在默认的整板安全间距规则中单独修改铺铜的安全间距，设置方法如图 2-13 所示。

图 2-13　铺铜间距设置

2. DDR 3W 间距规则设置

在 DDR 设计时,为了减少线间串扰,通常 DDR 走线之间都要满足 3W 间距要求,那么如何在 Altium Designer 中设置间距规则,让 DDR 满足 3W 布线要求呢?

(1)创建 Classes。将 DDR 所有走线归为一类,如图 2-14 所示。

图 2-14　创建网络类

(2)网络类创建完成后,关闭"对象类浏览器"对话框。按快捷键 D+R 打开"PCB 规则及约束编辑器"对话框,将光标移动到 Electrical 下的 Clearance 选项上右击,从弹出的快捷菜单中执行"新规则"命令新建一个安全间距规则,并将规则名称命名为 Clearance_DDR,如图 2-15 所示。

图 2-15　新建一个安全间距规则

(3)设置一个针对网络类的安全间距规则。在 Where The Firft Object Matches 和 Where The Second Object Matches 中选择 Custom Query 选项,并在"查询助手"中输入如图 2-16 所示的查询语句来实现 DDR 的 3W 间距设置。

(4)假设 DDR 走线线宽为 4mil,那么安全间距值应设置为 8mil,如图 2-16 规则约束值设置。规则设置完成后,回到 PCB 编辑环境下进行 DDR 布线,可以看到 DDR 走线之间的间距满足 3W 要求,如图 2-17 所示。

图 2-16　DDR 3W 间距规则设置

图 2-17　DDR 走线满足 3W 原则

2.3　高级线宽规则

1. GND 网络线宽 20mil,VCC 网络线宽 30mil

Altium Designer 线宽规则默认是约束所有走线,想要对某些网络设置高级的线宽规则,需要新建一个线宽规则。

（1）在 PCB 设计环境下，按快捷键 D＋R 打开"PCB 设计规则及约束编辑器"对话框，将光标移动到 Routing 下的 Width 选项上右击，从弹出的快捷菜单中执行"新规则"命令新建一个线宽规则并将规则名称命名为 Width_VCC，按照同样的方法再新建一个线宽规则，命名为 Width_GND，如图 2-18 所示。

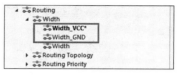

图 2-18　新建两个线宽规则

（2）给这两个规则设置约束值，在 Where The Object Matches 中选择相应的约束项，并在约束值中输入需要的线宽值，如图 2-19 所示。

图 2-19　针对网络设置不同的线宽值

（3）单击"编辑规则优先级"对话框下方的"优先级"按钮，检查新建的规则是否为最高优先级（1 为最高，2 次之，……），如图 2-20 所示。

（4）规则设置完成后，回到 PCB 编辑环境下进行布线，可以看到 GND 和 VCC 的默认线宽变成了规则设置的 20mil 和 30mil，如图 2-21 所示。

2. 添加类（Class）来设置线宽规则

在 Altium Designer 中还可以通过添加类来设置线宽规则，适合大批量线宽处理。这里以添加电源网络为例来演示通过添加类来设置线宽的方法。

（1）执行菜单栏中"设计"→"类"命令，或者按快捷键 D＋C 打开"对象类浏览器"对话框，如图 2-22 所示。

图 2-20　规则优先级设置

图 2-21　设置 GND 和 VCC 线宽

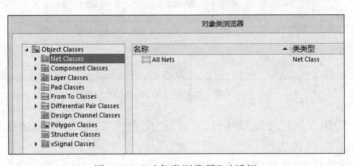

图 2-22　"对象类浏览器"对话框

（2）创建网络类。在 Net Classes(网络类)上右击,从弹出的快捷菜单中执行"添加类"命令,新建一个网络类,并将其命名为 PWR,如图 2-23 所示。

（3）选中新建的 PWR 网络类,然后将 PCB 中需要归为一类的网络从"非成员"列表移动到"成员"列表中,如图 2-24 所示。

图 2-23　添加网络类

图 2-24　添加需要归为一类的网络

（4）网络类添加完成后，关闭"对象类浏览器"对话框。按快捷键 D+R 打开"PCB 规则及约束编辑器"对话框，将光标移动到 Routing 下的 Width 选项上右击，从弹出的快捷菜单中执行"新规则"命令新建一个线宽规则并将规则名称命名为 Width_PWR，如图 2-25 所示。

图 2-25　添加线宽规则

（5）设置一个针对网络类的线宽规则。在 Where The Object Matches 中设置约束项为网络类，并选择之前创建的 PWR 类。在约束值中设置需要的线宽值，如图 2-26 所示。

图 2-26　设置网络类线宽规则

（6）规则设置完成后，关闭"PCB 规则及约束编辑器"对话框，回到 PCB 编辑环境下进行布线，可以看到归类到 PWR 的网络将按照规则设置线宽进行布线。采用这种方法可以很方便地对 PCB 需要特殊处理的网络设置约束规则。

2.4　区域规则设置

区域规则(Room 规则)即针对某一区域来设置约束规则。在 PCB 设计中,假如要对一块特定的区域采用不同的规则,那么 Room 是解决这类问题的首选。Room 是在 PCB 上划分出的一个空间,用于把整体电路中的一部分(子电路)布局在 Room 内,使这部分电路元件限定在 Room 内布局,可以对 Room 内的电路设置专门的布线规则。在 PCB 编辑器上放置 Room,特别适合于多通道电路,达到简化 PCB 设计的目的。

此处以在 Room 中设置线宽规则为例,来详细介绍 Room 规则的设置方法。

(1)首先在需要设置 Room 规则的地方放置 Room。执行菜单栏中"设计"→Room 命令,可以手工放置 Room,也可以执行"从选择的器件产生非直角的 Room"命令,如图 2-27 所示。

图 2-27　执行 Room 命令

(2)在需要设置 Room 规则的地方放置 Room,如在 BGA 上放置一个 Room,在放置 Room 的状态下按 Tab 键,可以对 Room 的名称和参数进行设置,如图 2-28 所示,放置一个名称为 Room1 的区域。

(3)按快捷键 D+R,打开"PCB 规则及约束编辑器"对话框,新建一个线宽规则,并为前面放置的 Room 设置约束条件。在 Custom Query 中单击"查询助手"按钮,输入查询语句 WithinRoom('Room 名称'),如图 2-29 所示。

图 2-28　放置 Room

图 2-29　设置 Room 规则

（4）将 Room 线宽规则设置为 4mil，这样用户在 Room 区域内布线的线宽为 4mil，区域外的线宽规则为其他规则约束的线宽，如图 2-30 所示。

图 2-30　利用 Room 设置线宽规则

此外,在 Room 中不仅可以设置单独的线宽规则,其他规则也可以用类似的方法进行设置。

2.5　阻焊规则设置

Mask(掩膜)规则用于设置阻焊层和助焊层的扩展。Solder Mask Expansion(阻焊层外扩)规则用于设置阻焊到焊盘之间的外扩距离,在 PCB 设计时,阻焊层与焊盘之间要预留一定的空间,防止油墨覆盖到焊盘。软件默认的扩展值是 4mil,用户可以在 Mask→Solder Mask Expansion 中设置 SolderMask 外扩值,如图 2-31 所示。

图 2-31　SolderMask 外扩值设置

Paste Mask Expansion 则是用于设置助焊层外扩值设置。助焊层用于开钢网刷锡膏焊接元件,助焊层与焊盘大小应保持一致,因此助焊层的外扩值一般设置为 0。在 Mask→PasteMaskExpansion 中设置 PasteMask 外扩值,如图 2-32 所示。设置正值为助焊层外扩,设置负值为阻焊层内缩。

图 2-32　PasteMask 外扩值设置

2.6　内电层的规则设置

Plane 规则用于多层板中内电层与铜皮连接方式的设置。

1) Power Plane Connect Style 设置

Power Plane Connect Style(电源平面连接方式),该规则用于设置过孔和焊盘与电源层的连接样式,在 Plane→PlaneConnect 中设置内电层的连接方式,如图 2-33 所示。

图 2-33 内电层连接方式设置

该规则可以在以下两种模式之一中设置:

- 简单设置:此模式是焊盘/过孔如何连接到电源平面的通用设置。
- 高级设置:此模式下,可以分别为焊盘和过孔定义特定的热连接。

在简单设置模式下常用设置项介绍如下:

连接方式:用于设置内电层与过孔和焊盘的连接方式,在下拉列表框中有 3 种连接方式可供选择:

- Relief Connect:热焊盘连接方式。
- Direct Connect:全连接方式。
- No Connect:不连接。

在 Relief Connect 连接方式下,各选项介绍如下:

- 外扩:用于设置从孔的边缘到空隙边缘的径向宽度。
- 空气间隙:用于设置空隙的间隔宽度。
- 导体宽度:用于设置热连接导体的导线宽度。
- 导体:用于设置热连接的导体的数目(2 或 4)。

在高级设置模式下可以分别为焊盘和过孔选择不同的连接方式,如图 2-34 所示。

2) Power Plane Clearance 设置

Power Plane Clearance(电源平面安全间距)。该规则用于设置电源层与过孔和焊盘的安全间距,这些过孔和焊盘通过但未连接到电源平面。设置页面如图 2-35 所示,一般设置为 8~12mil。

3) Polygon Connect Style 设置

Polygon Connect Style(铺铜连接方式)。该规则设置多边形铺铜与过孔和焊盘的连接方式,用户可以在简单模式下设置适用于所有焊盘和过孔的连接样式,如图 2-36 所示。

图 2-34　分别为焊盘和过孔选择不同的连接方式

图 2-35　电源平面安全间距设置

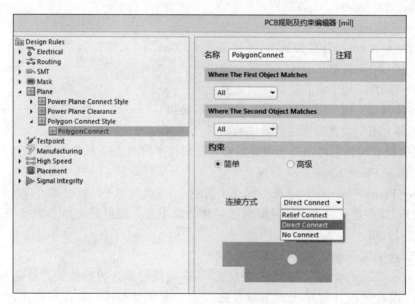

图 2-36　铺铜连接方式设置

在高级模式下,用户可以分别为通孔焊盘、SMD 焊盘和过孔定义特定的连接方式,如图 2-37 所示。

图 2-37　铺铜连接方式设置

2.7　Query 语句的设置及应用

在 Altium Designer 中,设计规则通常用来定义用户的设计需求。这些规则涵盖了设计的方方面面,包括布线宽度、对象的安全间距、内电层的连接风格和过孔风格等。设计规则不仅能在 PCB 设计的过程中实时检测,而且也能够在需要时进行统一的批量检测并生成错误报告。

Altium Designer 的设计规则不是 PCB 对象的属性,而是独立定义的。每条规则需针对具体的 PCB 对象。对于 PCB 规则系统来说,必须知道给定的规则应用于哪些对象,即规则的应用范围。可以在"PCB 规则及约束编辑器"对话框中设定规则及规则范围。其中采用撰写查询语句的方式来定义规则约束范围是经常用到的,并且是非常重要的方法。

查询语句(Query)是对规则应用对象的描述。设计规则约束对象可以直接手工输入查询语句,或是在语言编辑区左侧的控制区选择,或者是采用查询语句构造器来定义。

查询语句(Query)如何组织?

查询语句实际上是软件的一条指令,定义了一系列的目标设计对象。查询语句由查询的关键字组成。下面是一个查询语句的示例:

```
InNet('GND') And OnLayer('TopLayer')
```

如果在宽度规则中用该查询语句定义范围,那么设计者在切换到顶层对 GND 网络布线时,走线的宽度会自动转换到该规则指定的宽度值。如果执行设计规则检查(DRC),任何在顶层的 GND 网络必须满足这个宽度规则,否则就会被标记为违反设计规则。

使用"PCB 规则及约束编辑器"对话框中的选项可以创建查询语句。根据规则是一元还是二元的,用户可能需要相应地定义一个或两个对象范围。在"PCB 规则及约束编辑器"对话框中,简单的查询语句有如下类型的范围选项。

- All:所有的设计对象。
- Net:指定网络中的所有对象。
- Net Class:指定网络类中的所有对象。
- Layer:指定层上的所有对象。
- Net And Layer:指定层上且属于指定网络的所有对象。
- Custom Query:自定义查询语句。

自定义查询:允许设计者撰写更复杂但更为精确的查询语句。设计者可以在 Full Query 区域直接输入规则范围的定制查询语句。查询构建器(Query Builder)和查询助手(Query Helper)可帮助创建高级查询语句。当不确定查询语句的语法或者需要使用的关键字,这两个工具就会相当有用。

1) Query Builder 定义规则范围

Query Builder 是一种较简单的创建查询语句的方法,允许设计者使用敏感的条件类型和数值但只能使用相关的"构件"。对于高级查询语句的创建,可以使用 Query Helper 来查询关键字的说明及操作符的语法。

单击 Query Builder 按钮可以打开 Building Query from Board 对话框,该对话框使得用户通过 AND 或 OR 等符号连接构造字符串,从而可以创建指向设计文档中特定对象的查询语句,如图 2-38 所示。

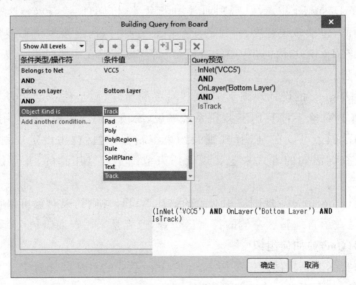

图 2-38 构建查询语句

在对话框的左边区域,用户可以为某组对象指定所需要的条件类型。当在左边区域定义好条件后,右边区域就可以预览显示当前创建的查询语句。根据需要可以继续添加更多的条件以缩小用户的设计对象目标范围。

2) Query Helper 获得帮助

使用 Query Helper,首先选择 Custom Query 选项,然后单击 Query Helper 按钮打

开 Query Helper 对话框。系统背后的查询引擎会分析 PCB 设计,然后列出所有可用的对象与查询语句中使用的通用关键字,如图 2-39 所示。

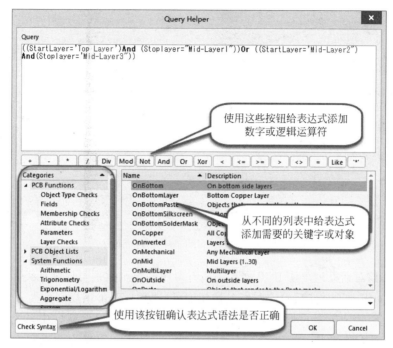

图 2-39 Query Helper 对话框

使用对话框的 Query 区域,构造一个查询表达式语句。在默认情况下,当前有效规则范围的表达式会显示在这一区域,用户可以在该区域内直接输入。当输入时,软件智能感知功能将根据用户的输入提示给用户可能的关键字或对象列表。

对话框左下角的 Categories 区域,提供了可以用来创建查询语句的 PCB 函数、PCB 对象列表和系统函数。当单击此三个类别中的某个子类别,右方的区域将会显示对应的关键字或对象列表。找到查询语句需要用到的关键字或对象,然后双击该条目就会被插入上方区域中查询表达式的当前光标处。

3) 当 Query 语句有错误时

如果输入查询语句的语法有错误,在"PCB 规则及约束编辑器"对话框的左边区域,该规则会红色高亮显示。及时修正这样的错误非常重要,否则做在线实时检测会很慢。因为一个有语法错误的规则范围会极大地降低在线或者批量 DRC 分析的速度,当用户试图关闭规则设置框时,系统也会弹出一个错误对话框,所以确保所有规则范围的语法正确。

(1) PCB Filter 面板中使用查询语句(Query)

同样的道理,可以在过滤器面板使用查询语句来查找指定的一系列对象,然后定义每个规则应用到的对象。

PCB Filter 面板为用户提供了创建设计规则的途径,创建的设计规则的应用范围将使用当前在面板中央区域中定义的查询语句来定义。如图 2-40 所示。

要添加一条新的设计规则,只要单击"创建规则"按钮,就会显示"选择设计规则类

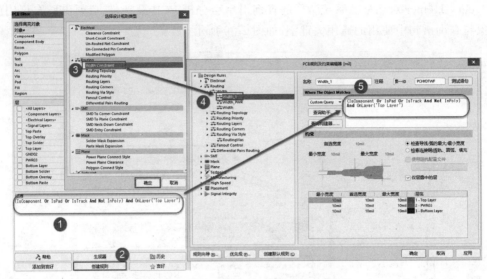

图 2-40   利用 PCB Filter 面板创建查询语句

型"对话框。该对话框列出了 PCB 文档中所有可用的规则类别与规则种类。用户只需选择希望创建的规则种类然后单击"确定"按钮即可(或直接双击该规则种类入口)。

这时就会显示"PCB 设计规则及约束编辑器"对话框,在该对话框中系统已为用户创建了一个种类规则,并将该规则显示在主编辑窗口中,等待用户为此规则定义特定的约束条件。而来自 PCB Filter 面板的查询语句也已经显示在对话框中的 Full Query 区域中,作为此规则的应用范围。

(2)采用 Query Helper 创建 Query 语句案例

下面以详细的例子介绍采用 Query Helper 创建 Query 语句的方法。例如,某项目的 PCB 设计中有诸多规则设置,特别是间距方面,由于 5V 网络需要更大的间距规则,已为其设置了 20mil 安全距离。

PCB 完成之后,对其进行规则检查,出现了两条违规信息,如图 2-41 所示。两个电容 C56 和 C57 违反了规则,已绿色高亮显示。原因是这些电容的焊盘间距小于 20mil,由

图 2-41   元件焊盘间距报错

于电容的焊盘形状已经固定，没办法改变，只能修改规则的设置来适应这两个电容。打开 5V 网络的间距规则设置，修改规则范围，使其排除这两个电容。其操作如下：

设置时，需要在第二个对象 Where The Second Object Matches 处不选中 C56 和 C57。即把 C56 和 C57 这两个元件从 20mil 间距的规则约束中排除。单击自定义语句 Custom Query，然后单击"查询助手"，如图 2-42 所示。

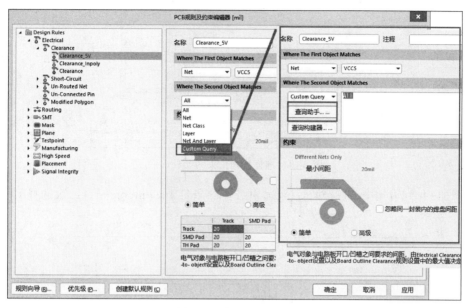

图 2-42　打开查询助手

找到 Component membership 语句，将其添加到规则中。双击 InComponent 条目，即可将其添加到语句对话框，如图 2-43 所示。

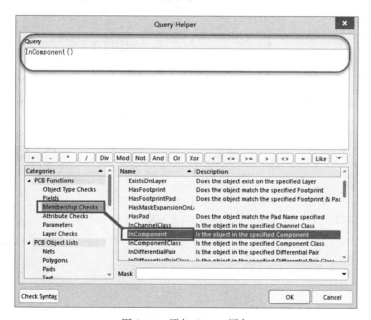

图 2-43　添加 Query 语句

移动光标到语句 Query 对话框,在括号中输入一个单引号,将会弹出一个列表,选择 C56,如图 2-44 所示。

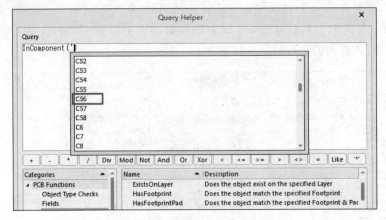

图 2-44   选择规则约束的元件(一)

添加 Or 到语句中,继续输入 In,选中需要的条目 InComponent。这次选择 C57,如图 2-45 所示。

图 2-45   选择规则约束的元件(二)

选中 C56 或者 C57,规则设置的范围不包含这两个电容。于是可以添加逻辑非 Not,如图 2-46 所示。

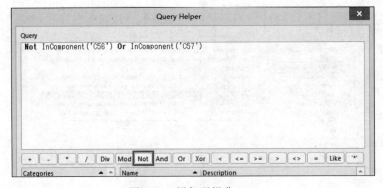

图 2-46   添加逻辑非 Not

单击 OK 按钮添加该条规则语句,然后将其应用到规则设置中。现在的 5V 间距规则,已经排除了这两个电容。重新运行间距规则的 DRC 检查,C56 和 C57 不再报错,如图 2-47 所示。

图 2-47 将元件从规则约束范围中排除

(3)采用 PCB Filter 面板生成 Query 语句案例

如果手工输入一条条 Query 语句,熟练使用其语法条件,以及各条件之间的运算关系,对于非代码设计师来说非常麻烦。

这里介绍一套生成 Query 语句的方法,通过此方法可以很方便地组织所需的 Query 语句,甚至方便智能到根据所选对象自动生成 Query 语句。使用该方法,必须熟练运用查找相似对象(Find similar objects)和 PCB 过滤器(PCB Filter)。下面以详细的例子介绍采用 PCB Filter 面板生成 Query 语句的方法。

例如,在 PCB 设计中,有几个连接器件,想让它们互相交叠挨在一起而不报错,需要设置几个连接器件的元件之间间距(Component clearance)允许它们零距离接触。

首先用查找相似对象的方式,来创建自定义 Query 语句。即选定一个对象,然后右击,从弹出的快捷菜单中执行"查找相似对象(Find similar object)"命令,如图 2-48 所示。

图 2-48 查找相似对象

在封装 Footprint 条目后面,更改筛选条件为 Same,并确保创建表达式(Create expression)复选框被勾选,如图 2-49 所示。

图 2-49　设置相似项

单击"应用"按钮,检查是否所有符合条件的目标元件被选中。然后打开 PCB Filter 面板,这里可以看到生成的语句表达式,如图 2-50 所示。

图 2-50　PCB Filter 面板

　　在过滤器窗口中,可以复制并粘贴该表达式到规则设置中,或者在 PCB Filter 面板中直接单击"创建规则"按钮,打开"选择设计规则类型"面板,为所选的元件设置间距规则。单击"确定"按钮,如图 2-51 所示。

图 2-51　创建规则

　　将该规则命名为 Component Clearance_1。在规则中,第一个对象匹配的 Query 语句是 PCB Filter 自动导过来的。代表其中一个封装,接下来让第二个对象匹配的语句是另外一个封装。这时可以从第一个对象的语句表达式复制粘贴到第二个对象的语句表达式,如图 2-52 所示。

图 2-52　生成 Quuery 语句

这两个元件间距的规则设置好后,将其间距设置为 0mil,以允许它们摆放连接在一起,如图 2-53 所示。

图 2-53　设置器件间距约束值

定义好规则之后,需要检查该规则的范围是否准确包含了想要涵盖的对象。这时需要用到"测试语句"功能。它会打开一个测试语句的结果对话框,显示每个语句表达式的结果。单击每个不同的条目,会跳转并缩放到那些被选中的对象。最后单击 OK按钮。

2.8　规则的导入和导出

在 PCB 设计中,经过不断的改进使得用户总结出一套设计经验。这些设计经验都体现在思虑周全、设置合理的设计规则之中。这些规则设置对于将来类似的 PCB 设计有很强的借鉴意义。遇到一款设计文件中的规则定义与当前项目的需求高度匹配,用户想借用,然后再加以改动。该如何处理?

Altium Designer 早已为用户考虑到这一点。成功应用设计规则可以作为文件导出保存,并在新的设计中全盘复制,导入进来。

设计规则中每一条规则设置都可以导入和导出到规则设置页面(PCB Rules and Constraints Editor dialog)。用户可以在不同的设计项目之间保存并装载设计规则,PCB 设计规则的导出和导入的详细步骤如下:

（1）打开"PCB 规则及约束编辑器"对话框,在左边规则区域右击,从弹出的快捷菜单中执行 Export Rules...命令,如图 2-54 所示。

（2）在弹出的"选择设计规则类型"对话框中

图 2-54　规则的导出

选择需要导出的规则项,一般选择全部导出,按快捷键 Ctrl+A 全选,如图 2-55 所示。

（3）单击"确定"按钮会生成一个扩展名为 .rul 的文件,该文件就是导出的规则文件,选择路径将其保存即可,如图 2-56 所示。

（4）打开另外一个需要导入规则的 PCB 文件,按快捷键 D+R,进入"PCB 规则及约束编辑器"对话框,在左边规则项区域右击,从弹出的快捷菜单中执行 Import Rules...命令,如图 2-57 所示。

图 2-55 选择需要导出的规则项

图 2-56 保存导出的规则

（5）在弹出的"选择设计规则类型"对话框中选择需要导入的规则，一般是全选，如图 2-58 所示。

（6）将之前导出的规则文件导入即可。

图 2-57　规则的导入

图 2-58　选择需要导入的规则

随着 SMT 的发展及电子器件的小型化、集成化、智能化,PCB 设计必然朝着多层、高密度布线的方向发展,而电路的集成度越来越高,也将面临信号的传输频率和速率越来越高,PCB 布线已不仅是器件的连接载体,还应起到传输高性能信号的作用,将信号完整、准确地传送到接收器件。

多层 PCB 叠层结构是影响 PCB 电磁兼容(EMC)性能的一个重要因素,也是抑制电磁干扰的一个重要手段。阻抗不连续是引起信号反射、失真的根本原因,因此阻抗控制在高速互连设计过程中的重要性不言而喻。Altium Designer 19 提供了高级的层堆栈管理器,通过图层堆栈管理工具可轻松定义并管理板层,同时还配备了阻抗计算器和材料库,用户可根据设计需求创建多个阻抗配置文件,在设计过程中估算阻抗,并应用到规则中。

本章将对 PCB 的叠层应用和阻抗控制进行详细介绍,让用户能够学会选择合适的叠层结构,并进行高速信号的阻抗计算,以便满足 PCB 设计的电磁兼容及信号完整性。

学习目标:
- 了解常用叠层基本原则及常用方案。
- 了解叠层中正片、负片的区别和负片的分割方法。
- 掌握叠层的添加方法。
- 了解阻抗计算相关条件及方法。

3.1 叠层的添加及应用

PCB 的运用越来越广泛,复杂程度越来越高,电子元件在 PCB 上也越来越密集,电气干扰成了不可避免的问题。在多层板的设计运用中,为了避免电气因素的干扰,信号层和电源层必须分离。一个好的设计方案,可以在多层板中大大减少 EMI 及串扰的影响。

3.1.1 叠层的定义

在设计多层 PCB 之前,设计者需要根据电路的规模、电路板的尺寸和电磁兼容的要求来添加必要的信号走线层、电源层和地层,即确定所采用的电路板结构,决定采用4层、6层,还是更多层数的电路板,这就是设计多层板的简单概念。

确定层数之后,再确定内电层的放置位置以及如何在这些层上分布不同的信号,这就是多层PCB叠层结构的选择问题。叠层结构是影响PCB电磁兼容性能的一个重要因素。

3.1.2 多层板的组成结构

单面板是只有一面铺铜的印制板,多采用纸质酚醛基铺铜箔板制作。双面板是双面都有铺铜的印制板,通常采用环氧玻璃布铺铜箔板制作。多层板是内部含有多个导线层印制板,由芯板和半固化片互相层叠压合而成。

芯板(Core):也称为铺铜板,是将补强材料浸以树脂,一面或两面铺以铜箔,经热压而成的板状材料,用于多层板生产时被称芯板,是构成印制电路板的重要的基本材料,故又称基材。

半固化片(Prepreg):又称为PP片,主要由树脂和增强材料组成,是多层板生产中的主要材料之一,起到黏合芯板、调节板厚的作用。

一般多层板最外边的线路层(顶底层)使用单独的铜箔层作为外层铜箔,与其临近的两个介质层通常使用PP片。

3.1.3 叠层的基本原则

PCB叠层设计不是简单的层堆叠,地层和电源层的排布尤为重要。板的层数不是越多越好,也不是越少越好。从布线方面来说,层数越多越利于布线,但是制板成本和难度也会随之增加。对于生产厂家来说,层叠结构对称与否是PCB制造时需要关注的重点,所以层数的选择需要考虑各方面的需求,以达到最佳的平衡。

一般情况下,根据以下原则进行叠层设计。

(1)元件面、焊接面为完整的地平面(屏蔽)。

(2)无相邻平行布线层。

(3)所有信号层尽可能与地平面相邻。

(4)关键信号与地层相邻,不跨分割区。

(5)主电源有一相邻地平面。

3.1.4 常见的叠层方案

根据叠层的几个原则,可以合理地安排多层板电路中各层的顺序。本小节将列出4层板、6层板和8层板的常见叠层结构。

(1)常见4层板的叠层结构如表3-1所示。通过对比,优选方案1(业内4层板常用方案),可选方案3。

表 3-1　常见 4 层板方案

方　案　结　构	方　案　分　析
方案 1	在元件面下有一地平面,关键信号优先布在 TOP 层
方案 2	缺陷: • 电源、地相距过远,电源平面阻抗过大 • 电源、地平面由于元件焊盘等影响,极不完整 • 由于参考面不完整,信号阻抗不连续
方案 3	主要元件或关键信号在 Bottom 布局布线

（2）常见 6 层板的叠层结构如表 3-2 所示。

表 3-2　常见 6 层板方案

	方　案　结　构	方　案　分　析
方案 1	TOP Layer 0.7mil GND02 1.378mil SIN03 1.378mil SIN04 1.378mil PWR05 1.378mil Bottom Layer 0.7mil	优点：采用了 4 个信号层和两个内部电源/接地层，具有较多的信号层，有利于元件之间的布线工作 缺陷： • 电源层和地线层分隔较远，没有充分耦合 • 信号层 SIN03 和 SIN04 直接相邻，信号隔离性不好，容易发生串扰
方案 2	TOP Layer 0.7mil SIN02 1.378mil GND03 1.378mil PWR04 1.378mil SIN05 1.378mil Bottom Layer 0.7mil	• 同方案 1，具有较多的信号层，有利于元件之间的布线工作 • 信号层 TOP Layer、SIN02 和 SIN05、Bottom Layer 直接相邻，信号隔离性不好，容易发生串扰
方案 3	TOP Layer 0.7mil GND02 1.378mil SIN03 1.378mil GND04 1.378mil PWR05 1.378mil Bottom Layer 0.7mil	缺陷：可供布线的层面减少 优点： • 电源层和地线层紧密耦合 • 每个信号层都与内电层直接相邻，与其他信号层均有有效的隔离，不易发生串扰 • SIN03 和内电层 GND 相邻，可以用来传输高速信号。两个内电层可以有效地屏蔽外界对 SIN03 层信号的干扰和 SIN03 层信号对外界的干扰
方案 4	TOP Layer 0.7mil GND02 1.378mil SIN03 1.378mil PWR04 1.378mil GND05 1.378mil Bottom Layer 0.7mil	与方案 3 类似 • 电源层和地线层紧密耦合 • 每个信号层都与内电层直接相邻，与其他信号层均有有效的隔离，不易发生串扰

通过对比优选方案 3 和方案 4。考虑到实际的设计成本，板子走线密度较大时，常用方案 1(可称为阉割板或者假 8 层)。在使用方案 1 时，由于 SIN03 和 SIN04 相邻，很容易产生串扰，布线时要尽可能使两个平面的走线形成正交结构，即相互垂直，以减少串扰。

（3）常见 8 层板的叠层结构如表 3-3 所示，优选方案 1 和方案 2。

表 3-3　常见 8 层板方案

方案 1	方案 2	方案 3

（4）常见 10 层板的叠层结构如表 3-4 所示，建议使用方案 2 和方案 3，可用方案 1 和方案 4。

表 3-4　常见 10 层板方案

方案 1	方案 2

续表

方 案 3	方 案 4

3.1.5　正片和负片的概念

正片就是用于走线的信号层,在 PCB 上可用 Track、Polygon、Fill 等进行走线和大面积铺铜,例如 Top Layer 和 Bottom Layer 就是正片,即凡是画线铺铜的地方铜被保留,没有画线的地方铜被清除,如图 3-1 所示。

负片(平面)和正片的工艺做法正好相反,凡是画线的地方都没有铜,没有画线的地方铜被保留,常用于电源层和地层,如图 3-2 所示。

图 3-1　正片层走线

图 3-2　负片层

电源层和地层也可以使用正片,使用负片的好处是,负片默认为大面积的铺铜,在设计过程中,添加过孔或者改变铺铜区域不需要对铜皮进行更新,节省操作时间。

3.1.6　3W 原则/20H 原则

3W 原则:为了减少线间串扰,应保证线间距足够大,如果线中心距不少于 3 倍线宽时,则可保持 70% 的线间电场不互相干扰,称为 3W 规则(W 为线宽),如图 3-3 所示。线宽如要达到 98% 的电场不互相干扰,可使用 10W 规则。

在实际设计过程中,经常出现因走线过密而无法实现所有走线满足 3W 间距的情况,设计者可优先针对敏感信号及高速信号采用 3W 原则进行处理,例如时钟信号、复位信号等。

20H 原则:为抑制边缘辐射效应,电源层相对地层内缩 20H(H 为两个平面层的距离)的距离,即确保电源平面的边缘要比 0V 平面边缘至少缩入相当于两个平面之间层间距的 20 倍。在板的边缘会向外辐射电磁干扰,将电源层内缩,使得电场只在接地层的范围内传导,有效地提高了 EMC。若内缩 20H 则可以将 70% 的电场限制在接地边沿内;内缩 100H 则可以将 98% 的电场限制在内,如图 3-4 所示。

图 3-3　3W 原则

图 3-4　20H 原则

3.1.7　叠层的添加和编辑

Altium Designer 中,层的添加和编辑是在层叠管理器中实现的。其具体操作步骤如下:

(1) 执行菜单栏中"设计"→"层叠管理器"命令,如图 3-5 所示,或按快捷键 D+K,即可打开层叠管理器,如图 3-6 所示,从图中左侧的 ♯ 栏中可看出是一个双面板。

图中各参数设置介绍如下:

- Name:层名称,可更改,一般是以"层的作用+层的序号"命名,便于层的识别。比如电源层,设置为 PWR+层序号;信号走线层,设置为 SIN+层序号。
- Material:每个层所使用的材料,可单击右侧的按钮 ··· 进行选择修改。

图 3-5　执行"层叠管理器"命令

- Type:板层的样式,针对导电层,可设置为 Plane 或 Signal。

#	Name	Material	Type	Thickness	Weight	Pullback distance
	Top Overlay		Overlay			
	Top Solder	Solder Resist	Solder Mask	0.4mil		
1	Top Layer		Signal	1.4mil	1oz	
	Dielectric 1		Prepreg	5mil		
2	Bottom Layer		Signal	1.4mil	1oz	
	Bottom Solder	Solder Resist	Solder Mask	0.4mil		
	Bottom Overlay		Overlay			

图 3-6　层叠管理器

- Thickness：层厚度，根据实际需要进行设置。
- Weight：层的铜厚，可根据实际要求设置，一般表层 0.5oz，内层 1oz。
- Pullback distance：电源平面和地平面的内缩值，可修改，一般遵循 20H 原则。

注意：有些参数被软件隐藏了，用户若想显示需要的参数，将光标放到任意一个参数名称上，右击，会显示 Select columns 项，如图 3-7 所示。然后单击 Select columns 项，进入 Select columns 对话框，单击需要显示的参数左侧的 ◉ 按钮，如图 3-8 所示，即可将该参数显示在层叠管理器中。

图 3-7　选择参数

图 3-8　Select columns 对话框

（2）单击层叠管理器右上角的 Features 下拉列表，勾选 Printed Electronics 选项，可打开叠层简视图，在简视图模式下，将移除介电层，且导电层的顺序会倒置，如图 3-9 所示。取消勾选 Printed Electronics 选项，即可看到包含介电层的叠层视图，如图 3-6 所示。

图 3-9　启用 Printed Electronics 选项

（3）将光标悬放在 Top Layer 处，右击，从弹出的快捷菜单中执行 Insert layer below→Plane 命令，如图 3-10 所示，即可在其下方添加一个平面层。连续添加 4 次，可得 6 层板，如图 3-11 所示。

注意：Insert layer above/below（在上方/下方添加层）选项中可选择层的样式，分别为 Signal（布线层\正片）、Plane（平面\负片）、Core（芯板）、Prepreg（半固化片）、Copper plating（镀铜）。

图 3-10　添加平面

（4）在 2、3、4、5 层的 Name 文本框中将层名更改为便于识别的层名称，6 层板叠层最终效果如图 3-12 所示。

图 3-11　6 层板叠层

图 3-12　6 层板叠层最终效果

3.1.8　平面的分割处理

平面的分割可通过执行菜单栏中"放置"→"线条"命令或按快捷键 P+L 来处理。放置的线条实际上是两个平面之间的安全间距，所以不宜过细，可选择在 15mil（1mil＝0.0254mm）以上，特别是遇到模拟、数字电源的分割和压差比较大的电源平面，分割线应适当加粗（注：若使用的是放置走线 Track，会自动跳到信号层）。平面分割如图 3-13 所示。

分割平面之后，在分割区域双击，即可弹出网络连接窗口，根据需要设置网络即可，如图 3-14 所示。

图 3-13　平面分割　　　　　　　　　　　　　　图 3-14　给平面添加网络

3.2　阻抗控制

3.2.1　阻抗控制的定义及目的

1）阻抗的定义

在具有电阻、电容和电感的电路中,对电路中的电流所起的阻碍作用称为阻抗,其单位是欧姆。

2）阻抗控制的定义

PCB 提供的电路性能要求信号在传输过程中不发生反射现象,才能保证信号完整性,降低传输损耗。而电压、电流在传输线中传播时,特性阻抗不一致会造成反射现象,需要进行阻抗控制及匹配,这样才能得到完整、精准、无噪声干扰的传输信号。阻抗控制在高频设计电路中尤为重要,关系到信号的质量优劣。

3.2.2　控制阻抗的方式

在进行高频设计电路时,需要控制阻抗,那么该如何控制?

(1) 使用经验值。记录之前做过的阻抗线,在下一次需要时可直接套用。缺陷是一旦参数变化,所使用的经验值就不适用了。

(2) 将阻抗线分类,设置好相应颜色之后截图如图 3-15 所示,给 PCB 厂,由板厂调整控制。缺陷是当板子布线密度较大时,板上可能没有多余的空间进行线宽、线距的调整,板厂无法进行阻抗控制。

(3) 用户根据叠层参数,结合板厂提供的相关资料(板材厚度、介电常数等数据)计算阻抗,按照计算出来的数值走线,同时将阻抗控制截图交给板厂,由它们做最终的微调控制。

SIN03层，蓝色线要求阻抗控制在50Ω，红色线要求控制阻抗在100Ω

图 3-15　阻抗控制截图

3.2.3　微带线与带状线的概念

（1）微带线（Microstrip line）：是由支在介质基片上的单一导体带构成的微波传输线，即表层走线。

（2）带状线（Stripline）：是一条置于两个平行的地平面或电源平面之间的高频传输导线，即 PCB 内层走线。

3.2.4　阻抗计算的相关条件与原则

在进行阻抗计算之前，需要了解进行阻抗控制需要的条件、影响因素及所用材料的相关参数。

（1）阻抗设计需要的条件：板厚、铜厚、板子叠层结构、基板材料、表面工艺、阻抗值、阻抗公差。

（2）影响阻抗的因素：介质厚度、线宽、线距、介电常数、铜厚（oz,1oz＝0.035mm）、阻焊厚度、残铜率（指板面上铜的面积和整板面积之比）。介质厚度、线距越大，阻抗值越大；介电常数、铜厚、线宽、阻焊厚度越大，阻抗值越小。

（3）板层进行压合时，需要注意以下几点：

① 7628 的 PP 片表面比较粗糙，会影响板子的外观，一般不会放到外层。

② 3 张 1080 也不允许放在外层，否则容易在压合时产生滑板现象。

③ 不允许 4 张及以上的 PP 片叠加在一起，否则也容易产生滑板现象。

④ 多层板各层间 PP 片和芯板的排列应当对称。例如 6 层板中,1～2 和 5～6 的 PP 片应当一致，否则压合时容易翘曲。

3.2.5 Altium Designer 的材料库

Altium Designer 为用户提供了可供选择的电路板材料库，用于构建 PCB 叠层。按快捷键 D+K 进入层叠管理器中，然后执行菜单栏中 Tools→Material Library 命令，如图 3-16 所示。

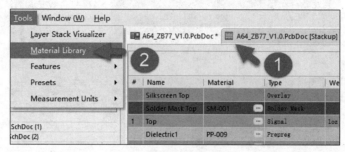

图 3-16　执行材料库命令

将弹出如图 3-17 所示的 Altium Material Library 对话框。

图 3-17　Altium Material Library 对话框

（1）对话框上方的 mil、in、μm、mm 可进行单位的切换，左侧可用于相应图层的材料设置。

① Copper plating process：镀铜工艺。

- ENIG(Electroless Nickel/Immersion Gold)：化学镍金、化镍金或者沉镍金，在 PCB 表面导体先镀上一层镍后再镀上一层金，镀镍主要是防止金和铜间的扩散。
- HASL(Hot Air Solder Leveling)：热风焊料整平，俗称喷锡，主要是将 PCB 直接浸入熔融状态的锡浆里面，在经过热风整平后，在 PCB 铜面会形成一层致密的锡层。

- IAu(Immersion Au)：沉金，是在铜面上包裹一层厚厚的、电性良好的镍金合金，这可以长期保护 PCB。
- ISn(Immersion Sn)：沉锡，用置换反应在 PCB 面形成一层极薄的锡层。
- OSP(Organic Solderability Preservatives)：有机保焊膜，是在洁净的裸铜表面上，以化学的方法长出一层有机皮膜。

② PCB layer material：PCB 层材料。

- Conductive layer material：导电层材料。
- Dielectric layer material：电介质层材料，包含芯板和 PP 片。
- Surface layer material：表面材料，分为柔性板覆盖层和阻焊层材料。
- Printed Electronics material：印刷电子材料，分为导电材质和不导电材质。

（2）右侧为相关图层所包含的材料。以 PP 片为例，图 3-18 所示为 PP 片包含的材料。

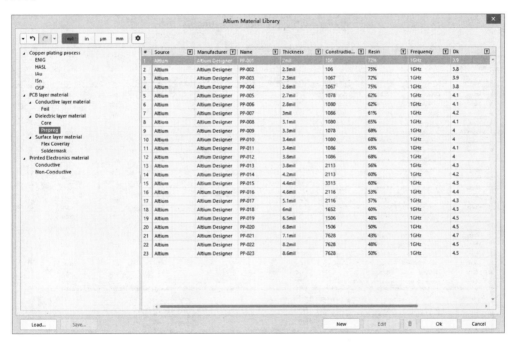

图 3-18　PP 片包含的材料

（3）右侧面板显示各类 PP 片的相关参数，单击 ⊙ 按钮，打开如图 3-19 所示的 Material Library Settings 对话框。在此对话框中，可显示或者隐藏相关的属性。

（4）用户可单击 New 按钮添加需要的相关材料。单击 New 按钮，Altium Material Library 对话框下方会出现一些参数文本框，如图 3-20 所示，根据实际材料填写各个参数。

（5）数据填写完成之后，单击 Update 按钮，即可加载新材料，如图 3-21 所示，Source 会自动赋予 User 属性，以区别于 Altium 提供的材料。

若想删除，单击 🗑 按钮即可。需要注意，删除功能只针对用户自定义的材料，系统提供的材料无法删除。

图 3-19　Material Library Settings 对话框

图 3-20　添加新材料

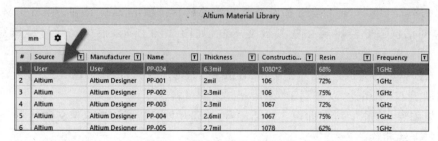

图 3-21　用户自定义材料显示

3.2.6 阻抗计算实例

Altium Designer 软件可以从叠层中获取数据,并将由阻抗计算得到的数据应用到 PCB 上阻抗信号的线宽。下面以一实例演示 Altium Designer 进行阻抗计算的过程。

(1) 叠层要求:6 层阎割板、1.6mm 板厚、内层铜厚 1oz、表层铜厚 0.5oz。

(2) 按快捷键 D+K 进入层叠管理器,单击底部的 Impedance 按钮以配置 Impedance Profile 要求。通过选取 Altium Designer 提供的材料或者根据实际手动输入材料数据,可得出如图 3-22 所示的叠层结构。

#	Name	Material		Type	Weight	Thickness	Dk
	Top Overlay			Overlay			
	Top Solder	SM-001		Solder Mask		1mil	4
1	Top Layer			Signal	1/2oz	0.7mil	
	Dielectric 2	PP-008		Prepreg		3.2mil	4.2
2	GND02	CF-004		Plane	1oz	1.378mil	
	Dielectric 1	Core-006		Core		4mil	4.2
3	SIN03	CF-004		Signal	1oz	1.378mil	
	Dielectric 4	PP-006		Prepreg		38.18mil	4.2
4	SIN04	CF-004		Signal	1oz	1.378mil	
	Dielectric 5	Core-006		Core		4mil	4.2
5	PWR05	CF-004		Plane	1oz	1.378mil	
	Dielectric 3	PP-008		Prepreg		3.2mil	4.2
6	Bottom Layer			Signal	1/2oz	0.7mil	
	Bottom Solder	SM-001		Solder Mask		1mil	4
	Bottom Overlay			Overlay			

图 3-22 6 层板叠层结构

(3) 在界面右下角单击 Panels 按钮,选择 Properties 面板,可在 Board 选项组中查看板子总厚度,如图 3-23 所示。

(4) 层堆叠对称性。如果需要层堆叠是严格对称的,单击图 3-23 中的 Stack Symmetry 按钮,软件将立即检查以中间介电层为中心的层堆叠对称性。若是与中心介电层等距的任意一对层不相同,将弹出 Stack is not symmetric 对话框,在上半部分显示检查到的不对称冲突,如图 3-24 所示,显示 GND02

图 3-23 Board 选项组

和 PWR05 的 Pullback distan 不一致(此处需遵守 20H 原则,不予修改)。若想进行更改,选择 Mirror top half down 单选按钮即可。

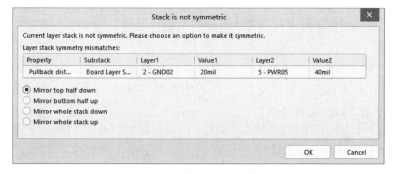

图 3-24 层堆叠对称性检测

① Mirror top half down：镜像上半部分，中心介电层上方的每个层的设置被向下复制到对称的层。

② Mirror bottom half up：镜像下半部分，中心介电层下方的每个层的设置被向上复制到对称的层。

③ Mirror whole stack down：向下镜像整个叠层，在最后一个线路层插入另外的介电层，然后在新的介电层下方复制和镜像所有信号的介质层。比如6层板，按此镜像之后将变成12层，如图3-25所示。

图 3-25　向下镜像所有层的变化情况

④ Mirror whole stack up：向上镜像整个叠层，在第一个线路层插入另外的介电层，然后在新的介电层上方复制和镜像所有信号的介质层。

（5）层叠可视化。在层叠管理器中，执行菜单栏中 Tool→Layer Stack Visualizer 命令，即可打开 Layerstack visualizer 对话框，如图3-26所示，可通过勾选相关配置选项，进行叠层查看，单击并按住右键移动可调整视图。按快捷键 Ctrl＋C 可复制此页面到剪贴板中。

（6）添加阻抗配置文件。单击层叠管理器右侧的 Add Impedance Profile 按钮或者右上角的按钮 ✚ 添加新的阻抗配置文件，如图3-27所示。图中4行数据显示了4个信号层的参考平面、线宽、阻抗等参数。

（7）更改参考平面。图3-23中显示 SIN03 的顶部参考层为 GND02，底部参考为 SIN04；SIN04 的顶部参考层为 SIN03，底部参考为 PWR05。这样显然不合适，由于信号层 SIN03、SIN04 需要走线，平面不完整，所以需要更改参考平面。更改需要的参考平面如图3-28所示。

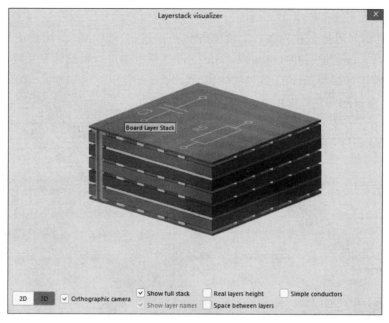

图 3-26　叠层可视化

图 3-27　阻抗配置文件

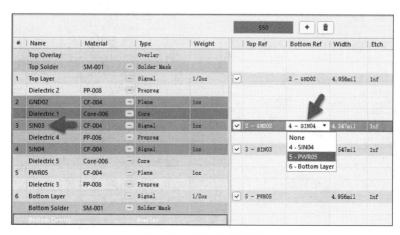

图 3-28　更改参考平面

更改之后的参考平面如图 3-29 所示。

（8）计算信号阻抗。在界面右下角单击 Panels 按钮,选中 Properties 面板,就可以在 Impedance Profile 选项组和 Transmission Line 选项组中进行阻抗计算及查看。

（9）计算 Top 层单端 50Ω 信号的线宽、线距。

① 选择阻抗配置文件中的 Top 层,如图 3-30 所示。

图 3-29　更改后的参考平面

图 3-30　选择层

② 根据要求在 Impedance Profile 选项组设置相关参数,如图 3-31 所示。

- Description：用于说明配置文件,即配置文件的名称。
- Type：用于切换信号类型,可选单端信号或差分信号。
- Target Impedance：用于设置目标阻抗。
- Target Tolerance：用于设置目标阻抗公差,一般设置为 10%。

③ 在 Transmission Line 选项组即可看到 50Ω 的阻抗,计算出的线宽为 5.142mil, 如图 3-32 所示。

图 3-32　顶层单端信号阻抗计算结果

图 3-31　设置相关参数

- Etch Factor：蚀刻因子,具体的数据需咨询板厂；若是排除蚀刻因子进行计算,用户可将其设置为 Inf。本例将其设为 2.5。

- Trace Width：计算出的信号线宽。
- Calculated Impedance：计算得出的阻抗。
- Impedance Deviation：阻抗偏差，一旦超过设置值，将会警告。
- Propagation Delay：传播时延。
- Inductance p.u.l.：每单位长度的电感。
- Capacitance p.u.l.：每单位长度的电容。

④ 实际生产中，尽量将走线线宽和线距设置为整数或小数点后一位，以满足制造商的生产精度。阻抗计算器支持正向和反向阻抗计算，默认模式为正向（输入阻抗，软件自动计算线宽）。需要反转模式，输入线宽并按下 Enter 键即可算出阻抗值。单击按钮 ![fx] 将回归正向计算。

⑤ 将线宽改为 5mil 后，按下 Enter 键，即可看到如图 3-33 所示的数据变化，误差在 10% 范围内，可使用 5mil 线宽进行 PCB 设计。

（10）计算 SIN03 层单端 50Ω 信号的线宽、线距。

① 依照上述方式，选择阻抗配置文件中的 SIN03 层。进行阻抗参数填写，并得出对应计算结果，如图 3-34 所示。

图 3-33　修改线宽后的阻抗　　　图 3-34　SIN03 层单端信号阻抗计算结果

② 由于线宽与阻抗成反比，所以将线宽改为 4.5mil，可得到其阻抗也在误差范围内，如图 3-35 所示。

（11）依照上述方式，将 SIN04 和 Bottom 层的单端 50Ω 信号都计算出来，即可将阻抗配置文件设置好，如图 3-36 所示。

（12）保存阻抗配置文件，将阻抗配置文件应用到规则设计中。设置一个包含 50Ω 阻抗信号的 Class，在线宽规则中进行如图 3-37 所示的设置。

（13）计算 TOP 层差分 100Ω 信号的线宽、线距。

图 3-35　SIN03 层修改线宽后的阻抗值

图 3-36　Single_50 阻抗配置文件

图 3-37　应用阻抗配置文件设置规则

① 单击按钮 ✦，创建新的配置文件，命名为 Differential_100，同时调整各信号层的参考平面。

② 选择 TOP 层，在 Impedance Profile 选项组中设置相关参数，可得如图 3-38 所示的结果。

③ 由于线宽与阻抗成反比，与线距成正比，可将线宽和线距都改大，最终调整结果如图 3-39 所示。

图 3-38　TOP 层 100Ω 走线阻抗

图 3-39　100Ω 的阻抗调整

④ 计算得出的各层 100Ω 差分信号的线宽线距如图 3-40 所示。

	Top Ref	Bottom Ref	Width	Etch	Gap	Z	Z Dev...	Tp
✓		2 - GND02	4.2mil	2.5	7mil	100.8···	0.892%	6.131···
✓	2 - GND02	5 - PWR05	4mil	2.5	11mil	100.4···	0.482%	6.836···
✓	2 - GND02	5 - PWR05	4mil	2.5	11mil	100.4···	0.482%	6.836···
✓	5 - PWR05		4.2mil	2.5	7mil	100.8···	0.892%	6.131···

图 3-40　Differential_100 阻抗配置文件

（14）计算得出的各层差分 90Ω 信号的线宽线距如图 3-41 所示。

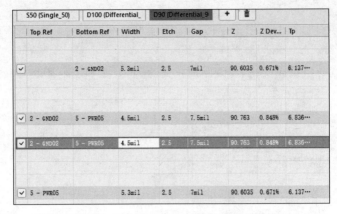

	Top Ref	Bottom Ref	Width	Etch	Gap	Z	Z Dev...	Tp
✓		2 – GND02	5.3mil	2.5	7mil	90.6035	0.671%	6.137···
✓	2 – GND02	5 – PWR05	4.5mil	2.5	7.5mil	90.763	0.848%	6.836···
✓	2 – GND02	5 – PWR05	4.5mil	2.5	7.5mil	90.763	0.848%	6.836···
✓	5 – PWR05		5.3mil	2.5	7mil	90.6035	0.671%	6.137···

图 3-41　Differential_90 阻抗配置文件

规范 PCB 的设计,为 PCB 设计提供依据和要求,方便设计人员之间的交流和互检,使试作或生产的过程顺利进行,提高产品的品质及生产效率,以缩短产品的开发周期。

本章将对 PCB 设计过程中构建 PCB 的工艺、技术等进行介绍,让用户能了解常见的设计规范。

学习目标:
- 了解过孔及走线的通用规范及设计应用。
- 了解封装的设计规范。
- 掌握常用工艺技术。

4.1 PCB 常见设计规范

4.1.1 过孔

过孔(Via)是 PCB 的重要组成部分之一,钻孔的费用通常占 PCB 制板费用的 30%~40%。从设计的角度来看,一个过孔主要由中间的钻孔(Drill hole)和钻孔周围的焊盘区两部分组成,其尺寸大小共同决定了过孔的尺寸大小。

在进行高速、高密度 PCB 设计时,设计者总是希望过孔尺寸尽可能小,使板上可以留有更多的布线空间。此外,过孔越小,其自身的寄生电容也越小,更适合用于高速电路。但过孔尺寸减小的同时带来了成本的增加,而且过孔的尺寸不可能无限制的减小,它受到钻孔(Drill hole)和电镀(Plating)等工艺技术的限制。孔越小,钻孔需花费的时间越长,也越容易偏离中心位置。且当孔的深度超过钻孔直径的 6 倍时,就无法保证孔壁能均匀镀铜。

随着激光钻孔技术的发展,钻孔的尺寸也可以越来越小,一般直径小于或等于 6mil 的过孔,被称为微孔。在 HDI(高密度互连结构)设计中经常使用到微孔,微孔技术可以允许过孔直接打在焊盘上(Via-In-Pad),不仅提高了电路性能,还可以节约布线空间。

在设置过孔时,需要注意以下问题:

(1) 全通过孔内径原则上要求 0.2mm(8mil)及以上,外径 0.4mm(16mil)及以上,空间较小区域可控制外径为 0.35mm(14mil)。

(2) BGA 焊盘中心距在 0.65mm 及以上的设计,不建议使用埋盲孔,否则成本会大幅度增加。需要用到埋盲孔时一般采用一阶埋盲孔即可(Top 层-L2 层或 bottom-负 L2),过孔内径一般为 0.1mm(4mil),外径为 0.25mm(10mil)。

(3) 过孔不能放置在小于 0402 阻容的焊盘上;理论上放置在焊盘上引线电感小,但是实际生产时,锡膏容易流入过孔导致锡膏不均匀,易造成器件立起来(立碑)的现象。一般推荐过孔与焊盘间距为 4~8mil。

(4) 过孔与过孔之间的间距不宜过近,钻孔时容易引起破孔,一般要求孔间距0.5mm 及以上,0.35~0.4mm 极力避免,0.3mm 及以下禁止。

(5) 除散热过孔外,小于 0.5mm 的过孔需要塞孔盖油(内径是 0.4mm 内的需堵孔)。

① 针对有金属外壳的器件,原则上其本体下边不打过孔;若需要打孔,则过孔必须塞孔盖油,以免使外壳与过孔接触造成短路。

② 针对 BGA 器件,板厂实际生产反馈中,会经常提到 BGA 的扇孔离焊盘过近的问题,需要移动过孔,如图 4-1 中箭头所示。由于目前 BGA 扇孔靠近焊盘是一种常态,PCB设计人员对此不加以重视,易导致工程问题不断,对焊接质量也是一种隐患。因此,直接推荐将孔打到 4 个焊盘的中心位置,如图 4-1 中的 AA6 焊盘所示。由于 Pitch 间距较小,打孔之后也需要塞孔盖油,以免造成 V 球连锡短路。

图 4-1　扇孔与焊盘过近

(6) 对于耳机端子、按键、FPC 等固定焊盘,为防焊盘铜皮掉落,在条件允许的情况下焊盘打 1~2 个过孔(过孔均匀放置),如图 4-2 所示,可以有效提高固定性。

4.1.2　封装及焊盘设计规范

(1) 通用要求

① 所有焊盘单边最小不小于 0.25mm,整个焊盘直径最大不大于元件孔径的 3 倍。

② 孔径超过 1.2mm 或焊盘直径超过 3.0mm 的焊盘应设计为星形或梅花焊盘。

图 4-2　固定焊盘的过孔放置情况

　　③ PCB上尚无件封装库的器件,应根据器件资料建立新的元件封装库,并保证丝印库存与实物相符合,特别是新建立的电磁元件、自制结构件等的元件库是否与元件的资料(承认书、规格书、图纸)相符合。新器件应建立能够满足不同工艺(回流焊、波峰焊、通孔回流焊)要求的元件库。

　　(2) AI元件的封装设计(AI——自动插件技术,是通孔安装的一部分,是运用自动插件设备将电子元件插装到印制电路板的导电通孔内)。

　　① 单面AI板元件孔径＝元件脚径＋0.4mm。焊盘直径＝2×孔径,焊盘间距不足0.7mm采用椭圆设计。

　　② 卧插元件(包括跳线)插孔的中心距:跨距要求为6～18mm。

　　③ 卧插元件形体的限制:1W及以上电阻不进行AI;引线直径≥0.8mm不进行AI。

　　④ 立插元件插孔的中心距:跨距要求为2.5mm、5.0mm两种规格。

　　⑤ 立插元件形体的限制:最大高度可为16mm,最大直径为10mm。

　　⑥ 立式平贴PCB元件在本体下增加0.8mm透气孔。

　　⑦ AI弯脚方向要有做丝印。

　　⑧ 常用AI元件的PCB封装数据如表4-1所示。

表 4-1　常用 AI 元件的 PCB 封装数据

元件名称	规　　格	孔径/mm	焊盘/mm	跨距/mm	其 他 要 求
跳线	$\complement$ 0.6	1.00	2.0×2.0	10.00	
电阻	1/4W 及以下	1.00	2.0×2.0	10.00	
	1/2W	1.00	2.2×2.2	15.00	
电解电容	脚距 2.54mm	1.00	1.7×2.2	2.54	加 0.8 走气孔
	脚距 5.0mm	1.00	2.0×2.0	5.00	加 0.8 走气孔
瓷片电容	脚距 5.0mm	1.00	2.0×2.0	5.00	
涤纶电容	脚距 5.0mm	1.00	2.0×2.0	5.00	
二极管	4148	1.00	2.0×2.0	10.00	
	4007	1.20	2.4×2.4	10.00	
三极管	脚距 2.54mm	1.00	1.7×2.2	2.54	
LED	脚距 2.28mm	1.00	1.6×2.2	2.28	加 0.8 走气孔

（3）DIP 元件的封装设计。

① 元件孔径＝元件脚径＋0.2mm。焊盘直径＝2×孔径＋0.2mm,焊盘间距不足0.7mm 采用椭圆设计。

② 焊盘≥3＊3mm 要求做成梅花焊盘。梅花焊盘的要求为线宽 0.7mm、露出焊盘0.5mm、角度 30°、12 条、外加线宽 1.2mm 阻焊。

③ 排插脚间距≤2.54mm 的要求在元件脚间加阻焊和拖锡焊盘。

④ 所有接插件等受力器件或重量大的器件焊盘引线 2mm 以内,其包覆铜膜宽度要求尽可能增大并且不能有空焊盘设计,保证焊盘足够吃锡,插座受外力时不会轻易起铜皮。

⑤ 常用 DIP 元件的 PCB 封装数据如表 4-2 所示。

表 4-2　常用 DIP 元件的 PCB 封装数据

元件名称	规格	孔径/mm	焊盘/mm	跨距/mm	
1W 电阻		1.00	2.2×2.2	15.00	
∅1.5 康铜丝		1.80	5.0×5.0	25.00	梅花焊盘
压敏电阻		1.20	2.4×2.4	7.50	
可调电位器		1.00	2.0×2.5		
2μF 聚丙烯电容		1.10	4×4	26.50	
中型 5μF 和 0.3μF 聚丙烯电容		1.30	4×4	30.50	
小型 5μF 和 0.3μF 聚丙烯电容		1.30	4×4	26.50	
∅1.2mm 扼流圈		1.50	4×10		梅花焊盘加弯脚
变压器 EE10		1.00	2.2×2.2		
整流桥堆		1.50	3.5×4.5		梅花焊盘
IGBT		1.50	3.5×4.5		梅花焊盘
IC（DIP8）	脚距 2.54	1.00	1.7×2.2	2.54	加拖锡焊盘、阻焊
排线	脚距 2.54	1.00	1.7×2.2	2.54	加拖锡焊盘、阻焊
2.54mm 连接器	脚距 2.54	1.00	1.7×2.2	2.54	加拖锡焊盘、阻焊
防倒导电插片		1.1×1.7 方孔	3.5×4.5	5.00	梅花焊盘
四脚端子		1.2×1.7 方孔	3.5×4.5		梅花焊盘
轻触开关	4 脚	1.15	2.0×2.5		
	2 脚				
数码管	脚距 2.54	0.80	1.6×2.5	2.54	加拖锡焊盘、阻焊
12.5A 保险管		1.20	3.5×3.5	21.00	梅花焊盘
电磁式蜂鸣器		1.00	2.0×2.0	6.60	
压电式蜂鸣器		1.00	2.0×2.0	7.50	

（4）SMT 元件的封装设计。

为了统一 SMT 生产贴片时的元件贴装角度,保证各元件角度的一次正确性,要求研发在建立标准元件封装库时,其封装库的初始角度必须统一标准化。标准元件封装库的元件角度设计要求如图 4-3 所示。

① 常用贴片阻容的焊盘设计,如图 4-4 所示。各类焊盘尺寸设计参考如表 4-3 所示。

图 4-3　封装库元件角度设计要求

表 4-3　各类焊盘尺寸设计参考数据

外形代号（in）	0402	0603	0805	1206
W：宽 mm[mil]	0.56[22]	0.79[31]	1.27[50]	1.60[63]
L：长 mm[mil]	0.89[35]	1.25[50]	1.70[67]	1.32[52]
T：间距 mm[mil]	0.40[16]	0.60[24]	0.86[32]	1.80[72]

　　② 圆柱状类（如二极管）的焊盘设计应遵循两端焊盘的中心距为元件的长度这一原则，如图 4-5 所示。焊盘的宽度和长度一般以同类型封装的片式阻容一致。

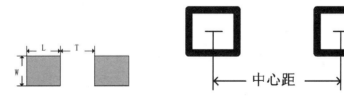

图 4-4　常用贴片阻容焊盘设计　　　　　图 4-5　圆柱状焊盘设计

③ IC 表面焊盘图形设计的一般原则如下：

- 对 SOP、QFP、PLCC、BGA 存在英制和公制两种规格，除 PLCC 外，其他封装形式在各个生产商中，封装尺寸不完全一致。设计时，应以供应商提供的封装结构尺寸来进行设计。
- 焊盘中心距等于管脚中心距。
- 焊盘宽度一般可取管脚中心距的一半。
- 焊盘与相邻印制线间隔不应小于 0.3mm。

④ SOT 设计的一般原则如下：

- 焊盘的中心距与管脚中心距相等。
- 焊盘的图形与管脚的焊接面相似,尺寸上一般是长度方向加管脚内外补偿值,如图 4-6 所示,焊盘长度＝L＋0.3mm＋0.7mm；宽度方向上加宽 0.2～0.4mm 左右。

图 4-6　焊盘长度补偿值

- 设计 SOP 封装类型的 IC 焊盘,若采用红胶工艺必须加拖锡焊盘。

⑤ PLCC 元件封装如图 4-7 所示,设计的一般原则如下：

- 焊盘中心距等于管脚中心距。
- 焊盘宽度等于管脚中心距一半。
- A 或 B＝Cmax＋0.8mm。
- L＝2.0～2.15mm。

图 4-7　PLCC 焊盘图形

⑥ QFP 元件封装如图 4-8 所示,设计的一般原则如下：

- 焊盘中心距等于管脚中心距。
- 焊盘宽度等于管脚中心距的一半加 0.05mm。
- A′(或 B′)＝A(或 B)＋1mm。

图 4-8　QFP 焊盘图形

- L＝1.5～1.6mm(适用于管脚中心距为 0.5mm 及其以下尺寸的 QFP)。
- L＝1.8～2.0mm(适用于管脚中心距为 0.8mm、0.65mm 尺寸的 QFP)。
- 设计 QFT 封装的 IC 焊盘,若是采用红胶工艺必须加拖锡焊盘。

4.1.3 走线

走线的通用规范介绍如下:

(1) 为满足国内板厂的生产工艺能力,常规走线线宽≥4mil(特殊情况下可用 3.5mil),小于 4mil 会极大地挑战工厂的生产能力,报废率将会提高。

(2) 走线不宜走直角或锐角走线。直角和锐角在折角处的线宽会有所变化,造成阻抗不连续,会产生一定的信号反射;同时,锐角走线在腐蚀加工过程中,其折角处会形成"酸角",增强腐蚀性,会因腐蚀过度造成走线开路的问题。

(3) 尽量使用直线或 45°走线,避免任意角度的走线,以免在线路蚀刻时出现问题。

(4) 线路与 Chip 元件连接时,原则上可以在任意点连接。但对采用回流焊进行焊接的 Chip 元件,最好按以下原则设计。

① 对于两个焊盘安装的元件,如电阻、电容,与其焊盘连接的印制线最好从焊盘中心位置等线宽出线,对线宽≤12mil 的引出线可以不考虑此条规定,如图 4-9 所示。线宽宽度最大不超过焊盘边长较小值。

相等线宽出线　　　　不相等线宽出线

图 4-9　不同线宽出线情况

② 尽量使连接到焊盘的走线呈对称分布,减少不对称分布引起的器件错位,如图 4-10 所示。

③ 元件出线必须从焊盘中心位置引出,如图 4-11 所示。

④ 当信号走线比焊盘粗时,走线不能直接覆盖焊盘从中心出线,应从焊盘末端引出一截与焊盘同宽的延长线进行连接,如图 4-12 所示。

图 4-10　器件错位

走线偏离焊盘

焊盘

图 4-11　焊盘中心出线

图 4-12　较粗走线的出线方式

⑤ 相邻的 SMT 焊盘管脚需要连接时,应从焊脚外部连接,不允许在焊脚中间直接连接,以免在焊接时造成连锡问题,如图 4-13 所示。

图 4-13 相邻焊盘的连接

4.1.4 丝印

丝印层为文字层,属于 PCB 中最上面一层,一般用于注释。正确的丝印层字符放置原则:不出歧义、见缝插针、美观大方。

丝印的步骤介绍如下:

(1) 所有元件、安装孔、定位孔都有对应的丝印标号。为了方便成板的安装,所有元件、安装孔、定位孔都有对应的丝印标号,PCB 上的安装孔丝印用 H1、H2⋯Hn 进行标识。

(2) 丝印字符遵循从左至右、从下往上的原则。

(3) 对于电解电容、二极管等有极性的器件,在每个功能单元内尽量保持方向一致。

(4) 为了保证器件的焊接可靠性,要求器件焊盘上无丝印;为了保证搪锡的锡道连续性,要求需搪锡的锡道上无丝印;为了便于器件插装和维修,器件位号不应被安装后器件所遮挡;丝印不能压在导通孔、焊盘上,以免开阻焊窗时造成部分丝印丢失,影响区别。

(5) 尽量保证丝印间距大于 0.13mm。

(6) 有极性元件需保证其极性在丝印图上标识清楚,极性方向标记易于辨认。

(7) 有方向的接插件其方向在丝印上要标识清楚,IC 类要求丝印标识第一个管脚编号。

(8) 在 PCB 面空间允许的情况下,若需要放置条形码,PCB 上应有 42 * 6 的条形码丝印框,条形码的位置应考虑方便扫描。

(9) PCB 文件上应有板名、日期、版本号等制成板信息丝印,位置明确、醒目。

(10) PCB 上应有厂家完整的相关信息及防静电标识。

(11) PCB 上器件的标识符必须和 BOM 清单中的标识符号一致。

4.1.5 Mark 点

（1）Mark 点的定义及作用

Mark 点也叫光学基准点,是为了补偿 PCB 制作误差及设备定位时的误差,而设定的各个装配步骤共同的可测量基准点。PCB 的生产工艺决定了线路图形的精确度比外形和钻孔的精确度要高一到两个数量级,Mark 点本质上属于线路图形的一部分,以 Mark 点作为贴片设备的识别定位基准,就能将多种偏差自动补正,减小误差,因此, Mark 对 SMT 生产至关重要。

（2）Mark 点的设置与放置

Mark 点形状一般是实心圆。设置方法为:设置一个元件(把 Mark 点作为元件的好处是,导出元件坐标时,Mark 点坐标可以同时导出,Mark 点坐标非常重要),元件为一个实心圆的焊盘,焊盘直径为 1mm,焊盘的阻焊窗口直径为 3mm。实心圆要求表面洁净、平整,边缘光滑、齐整,颜色与周围的背景有明显区别,表面以沉金处理为佳,3mm 阻焊窗口范围内要保持空白,不允许有任何焊盘、孔、布线、阻焊油墨或者丝印标识等,以使 Mark 点与 PCB 的基材之间出现高对比度。

Mark 点位于电路板或者拼板工艺边上的四个对角,但板子四周设置的 Mark 点不能对称,以免造成机器不能识别板子放反的情况(不能防呆)。如图 4-14 所示,只要把 4 个 Mark 点当中的一个,错位 1cm 左右放置就可以了。

图 4-14　Mark 点不完全对称放置

Mark 点的实心圆的外缘,要保持离最外板边 2.5mm 以上的距离,如果工艺边宽 5mm,实心圆中心要放在离最外板边 3～3.5mm 的位置上,而不能居中放在 2.5mm 的位置上。如果居中放置,实心圆的外缘离板边就只有 2mm,一般情况下,实心圆都会被贴片设备的夹持边压住一部分,使得贴片设备不能辨识这个 Mark 点,结果就会大大影响贴片装配的质量和效率。如图 4-15 所示,5mm 宽的工艺边上,四个 Mark 点的圆心的 Y 轴方向位置:第一个,工艺边上居中 2.5mm 的,不可取;要 3.0～3.5mm 范围内皆可,第四个 3.2mm 的最佳。

图 4-15　Mark 点放置位置的选择

4.1.6　工艺边

PCB 工艺边也称为工作边,是为了 SMT 时留出轨道传输位置、放置拼板 Mark 点而设置的长条形空白板边。工艺边一般宽 5～8mm,为了节省一点 PCB 成本,取消工艺边或者把工艺边设置为 3mm,这是不可取的。

在什么情况下可以取消工艺边呢? 当 PCB 外形是规整的矩形,便于轨道传输,而且板边最近的贴片元件的外形,离板边距离 5mm 以上,就可以取消工艺边。或者 PCB 是类似手机板(单片板上有好几百个贴片元件,且 PCB 是昂贵的多层板)也可以取消,而让 SMT 厂一次性花几千元做治具,取代工艺边的成本支出。

PCB 工艺边一般要满足以下要点。

① 宽度 5～8mm。

② 工艺边上放置的 Mark 点规范合理。

③ 对 PCB 的支撑连接稳固可靠,能使 PCB 在轨道上稳定传输。

4.1.7　挡板条

对需要进行波峰焊的宽度超过 200mm 的 PCB,一般非传送边也应该留出≥3.5mm 宽度的边;在 B 面(焊接面)上,距挡条边 8mm 范围内不能有元件或焊点,以便装挡条。

如果元件较多,安装面积不够,可以将元件安装到边,但必须另加上辅助工艺挡条边。

4.1.8　屏蔽罩

屏蔽罩是一个合金金属罩,对两个空间区域进行金属隔离,屏蔽外界电磁波对内部电路的影响,并防止内部电路的电磁波向外辐射,即防止电磁干扰。

屏蔽罩的位置、大小和形状,一般由 CAD 人员根据 PCB 布局布线的实际情况而定,由此画出一定的形状,然后由结构设计画出屏蔽罩详细的立体结构图。为降低生产难度,建议屏蔽罩的外形尽量设计为矩形。

屏蔽罩通常应用于 PCB 易受干扰的核心部分,包括 CPU、DDR(SDRAM)、FLASH(eMMC);敏感射频部分,包括 WIFI、BT、3G\4G;作为发热源及干扰源的电源部分,包括 PMU、DCDC、LDO。

根据焊接形式,屏蔽罩的分类主要有三种。

(1) 单件固定式:直接焊接到 PCB 上。生产成本较低,遮蔽率优;SMT 良率受限于屏蔽罩的大小;不方便进行后期维修处理。单件固定式屏蔽罩如图 4-16 所示。

图 4-16 单件固定式屏蔽罩

(2) 两件式屏蔽罩(Cover+Frame):由支架和盖子组成,是目前常用形式,遮蔽率优,一定程度上方便后期检修。缺点是需要两次开模,成本较高。两件式屏蔽罩如图 4-17 所示。

图 4-17 两件式屏蔽罩

(3) Cover+Clip 屏蔽罩:即由盖子和屏蔽罩夹子组成。使用屏蔽罩夹子来代替支架,可以省去支架的开模成本,同时方便后期检修。缺点是卡扣的夹持力有待考究,在振动强度大的场景下不宜采用。屏蔽罩夹子如图 4-18 所示。

图 4-18　屏蔽罩夹子

使用屏蔽罩夹子应注意以下几点。

① 夹子的夹持力如何,根据生产商的回答,一般一个屏蔽框最少要用 4 个夹子来固定,约 25mm 摆放一个夹子,足够应付消费类电子产品需求。

② 板上的屏蔽罩夹子,可根据情况灵活增加,对 RF 电路部分,使用更多夹子能更好地屏蔽 EMI。

③ 夹子位置应放在拐角的位置即可,建议不要将夹子放在中心位置,不利于跌落测试和作业员的安装定位。4 个夹子的摆放位置如图 4-19 所示。

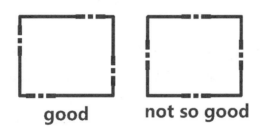

图 4-19　屏蔽罩夹子的放置

④ 夹子之间的最小放置间距为 0.3mm。

⑤ 夹子与 PCB 边缘尽量保持 0.5mm 的距离。

4.2　拼板

电子产品从设计完成到加工制造,其中最重要的一个环节就是 PCB 电路板的加工。而 PCB 加工出来的裸板绝大部分情况是要过贴片机贴片装配的。

目前电子产品都在向小型轻便化方向发展。当设计的 PCB 特别小,有的电子产品模块小到几厘米时,在 PCB 加工制造这一环节基本没问题,但是到了 PCB 装配环节,那么小的面积放在贴片机上进行装配就带来了问题,无法上装配生产线。这里就需要对小块 PCB 进行拼板,拼成符合装配上机要求的合适的面积,或者拼成阴阳板,更加便于贴片装配。

PCB 的拼板连接方式有两种:一种是 V-Cut,如图 4-20 所示;另一种为邮票孔连接方式,如图 4-21 所示。

图 4-20   V-Cut

图 4-21   邮票孔连接处

1) V-Cut 的应用

① V-Cut 适合于板与板之间为直线连接,中间不转弯,板边缘平整且不影响器件安装的 PCB。目前 SMT 板应用较多,特点是分离后边缘整齐且加工成本低,建议优先选用。

② V-Cut 线两边(A、B 面)要求保留不小于 2mm 的器件禁布区,以避免在分板时损伤器件,设计要求如图 4-22 所示。

③ 开 V 形槽后,剩余的厚度 x 应为(1/4~1/3)Δ 板厚,剩余厚度最小尺寸不能小于 0.4mm。对承重较重的板子可取上限,对承重较轻的板子可取下限。

④ 考虑自动分板机刀片结构,板边禁布区 5mm 范围内,不允许有高度超过 25mm 的器件,如图 4-23 所示。

图 4-22 V 形槽的设计

图 4-23   V-Cut 对板边器件的禁布要求

2) 邮票孔的应用

① 邮票孔适合于各种外形的子板(小 PCB,相对于拼后大的板而言)之间的拼板。由于分离后边缘不整齐,对使用导槽固定的 PCB 一般尽量不要采用。

② 邮票孔的设置,放置孔径(包括焊盘大小)为 0.5mm 的非金属化焊盘,邮票孔中心间距为 0.8mm,每个位置放置 4~5 个焊盘,板与板之间距离 2mm,邮票孔伸到板内 1/3,如板边有线需避开。

③ 长槽宽一般为 2.0mm,槽长 25~40mm;槽与槽之间的连接桥一般为 4mm,并布设几个圆孔,孔径 0.5mm;孔中心距为孔径加 0.3~0.6mm,板厚取较小值,板薄取较大值。分割槽长度的设计视 PCB 传送方向、组装工艺和 PCB 大小而定。

4.3　PCB 表面处理工艺

表面处理最基本的目的是保证良好的可焊性或电性能。由于自然界的铜在空气中倾向于以氧化物的形式存在,不大可能长期保持为原铜,因此需要对铜进行其他处理。虽然在后续的组装中,可以采用强助焊剂除去大多数铜的氧化物,但强助焊剂本身不易去除,因此业界一般不采用强助焊剂。

PCB 表面处理工艺,常见的是热风整平、有机涂覆、化学镀镍/浸金、浸银和浸锡这 5 种工艺。

(1) 热风整平(HASL)

热风整平又名热风焊料整平(喷锡),它是在 PCB 表面涂覆熔融锡铅焊料并用加热压缩空气整(吹)平的工艺,使其形成一层既抗铜氧化,又可提供良好的可焊性的涂覆层。热风整平时焊料和铜在结合处形成铜锡金属间化合物。保护铜面的焊料厚度大约有 1~2mil。

PCB 进行热风整平时要浸在熔融的焊料中;风刀在焊料凝固之前吹平液态的焊料;风刀能够将铜面上焊料的弯月状最小化和阻止焊料桥接。热风整平分为垂直式和水平式两种,一般认为水平式较好,主要是水平式热风整平镀层比较均匀,可实现自动化生产。热风整平工艺的一般流程为:微蚀→预热→涂覆助焊剂→喷锡→清洗。

(2) 有机涂覆(OSP)

有机涂覆工艺不同于其他表面处理工艺,它是在铜和空气间充当阻隔层;有机涂覆工艺简单、成本低廉,这使得它能够在业界广泛使用。早期的有机涂覆的分子是起防锈作用的咪唑和苯并三唑,最新的分子主要是苯并咪唑,它是化学键合氮功能团到 PCB 上的铜。在后续的焊接过程中,如果铜面上只有一层有机涂覆层是不行的,必须有很多层。这就是为什么化学槽中通常需要添加铜液。在涂覆第一层之后,涂覆层吸附铜;接着第二层的有机涂覆分子与铜结合,直至二十甚至上百次的有机涂覆分子集结在铜面,这样可以保证进行多次回流焊。试验表明:最新的有机涂覆工艺能够在多次无铅焊接过程中保持良好的性能。

有机涂覆工艺的一般流程为:脱脂→微蚀→酸洗→纯水清洗→有机涂覆→清洗,过程控制相对其他表面处理工艺较为容易。

（3）化学镀镍/浸金

化学镀镍/浸金工艺不像有机涂覆那样简单,化学镀镍/浸金好像给PCB穿上厚厚的盔甲;另外化学镀镍/浸金工艺也不像有机涂覆作为防锈阻隔层,它能够在PCB长期使用过程中有用并实现良好的电性能。因此,化学镀镍/浸金是在铜面上包裹一层厚厚的、电性良好的镍金合金,这可以长期保护PCB;另外它也具有其他表面处理工艺所不具备的对环境的忍耐性。镀镍的原因是由于金和铜间会相互扩散,而镍层能够阻止金和铜间的扩散;如果没有镍层,金将会在数小时内扩散到铜中去。化学镀镍/浸金的另一个好处是镍的强度,仅仅 $5\mu m$ 厚度的镍就可以限制高温下Z方向的膨胀。此外化学镀镍/浸金也可以阻止铜的溶解,这将有益于无铅组装。

化学镀镍/浸金工艺的一般流程为:酸性清洁→微蚀→预浸→活化→化学镀镍→化学浸金,主要有6个化学槽,涉及近100种化学品,因此过程控制比较困难。

（4）浸银

浸银工艺介于有机涂覆和化学镀镍/浸金之间,工艺比较简单、快速;不像化学镀镍/浸金那样复杂,也不是给PCB穿上一层厚厚的盔甲,但是它仍然能够提供良好的电性能。银是金的小兄弟,即使暴露在热、湿和污染的环境中,银仍然能够保持良好的可焊性,但会失去光泽。浸银不具备化学镀镍/浸金所具有的好的物理强度,因为银层下面没有镍。

浸银是置换反应,它几乎是亚微米级的纯银涂覆。有时浸银过程中还包含一些有机物,主要是防止银腐蚀和消除银迁移问题;一般很难测量出来这一薄层有机物,分析表明有机体的重量少于1%。

（5）浸锡

由于目前所有的焊料都是以锡为基础的,所以锡层能与任何类型的焊料相匹配。从这一点来看,浸锡工艺极具有发展前景。但是以前的PCB经浸锡工艺后出现锡须,在焊接过程中锡须和锡迁徙会带来可靠性问题,因此浸锡工艺的采用受到限制。后来在浸锡溶液中加入了有机添加剂,可使得锡层结构呈颗粒状结构,克服了以前的问题,而且还具有好的热稳定性和可焊性。

浸锡工艺可以形成平坦的铜锡金属间化合物,这个特性使得浸锡具有和热风整平一样良好的可焊性而没有热风整平令人头痛的平坦性问题;浸锡也没有化学镀镍/浸金金属间的扩散问题——铜锡金属间化合物能够稳固的结合在一起。浸锡板不可存储太久,组装时必须根据浸锡的先后顺序进行。

4.4　组装

（1）组装形式,即SMD与THC在PCB顶底层的布局

不同的组装形式对应不同的工艺流程,它受现有生产线限制。针对公司实际情况,应该优选表4-4所列形式之一,采用其他形式需要与工艺人员商议。

表 4-4 PCB 组装形式

组装形式	示　意　图	PCB 设计特征
Ⅰ. 单面贴装		仅一面装有 SMD
Ⅱ. 双面贴装		A/B 面装有 SMD
Ⅲ. 单面混装		仅 A 面装有器件,既有 SMD,也有 THC
Ⅳ. 一面混装,另一面贴装		A 面混装,B 面仅装简单 SMD
Ⅴ. 一面插装,另一面贴装		A 面装 THC,B 面仅装简单 SMD

简单 SMD：指 CHIP、SOT、管脚中心距大于 1mm 的 SOP

另外注意：在波峰焊的板面上(Ⅳ、Ⅴ组装方式)尽量避免出现仅有几个 SMD 的情况,它增加了组装流程。

(2) 组装方式说明

① 关于双面纯 SMD 板(Ⅱ)两面全 SMD,这类板采用两次再流焊工艺,在焊接第二面时,已焊好的第一面上的元件焊点同时再次熔化,仅靠焊料的表面张力附在 PCB 下面,较大较重的元件容易掉落。因此,元件布局时尽量将较重的元件集中布放在 A 面,较轻的布放在 B 面。

② 关于混装板(Ⅳ)B 面(即焊接面)采用波峰焊进行焊接,在此面所布元件种类、位向、间距一定要符合相关规定。

4.5 焊接

焊接技术在电子产品的装配中占有极其重要的地位。一般焊接分为回流焊和波峰焊两大类。

4.5.1 波峰焊

波峰焊是将熔化的软钎焊料,经电动泵或电磁泵喷流成设计要求的焊料波峰,使预先装有电子元件的印制板通过焊料波峰,实现元件焊端或管脚与印制板焊盘之间机械与电气连接的软钎焊,主要用于插脚元件的焊接。

4.5.2 回流焊

回流焊又称再流焊,是指通过重新熔化预先分配到印制板焊盘上的膏状软钎焊料,实现表面贴装元件焊端或管脚与印制板焊盘之间机械与电气连接的软钎焊,从而实现具有一定可靠性的电路功能,主要用于表面贴装元件的焊接。

电磁干扰在电子设备及产品中无处不在,如何使电子设备满足电磁兼容的要求成为设计人员关注的重点问题之一。一个电子系统或设备能否达到所期望的高速工作的频值,在很大程度上取决于 PCB 的设计,而 PCB 很大一部分工作在于布局和布线,这说明布局或布线的好坏直接关系到 PCB 的性能。

本章将对电子设备的电磁兼容进行概述,并列举一些常见的可抑制电磁干扰的电子器件,同时对 PCB 电磁兼容设计的布局和布线进行介绍。

学习目标:

- 了解电磁兼容相关知识。
- 了解可抑制电磁干扰的电子器件。
- 掌握 PCB 设计中布局和布线的通用规范。

5.1 EMC 概述

5.1.1 EMC 的定义

电磁兼容(Electromagnetic Compatibility,EMC),是研究在有限的空间、时间和频谱资源的功能条件下,各种电气设备共同工作,并不发生降级。各种电气设备、电气装置或系统在共同的电磁环境条件下,既不受电磁环境的影响,也不会给环境以这种影响。各种电气设备会因为周边的电磁环境而导致性能降低、功能丧失和损坏,也不会在周边环境中产生过量的电磁能量,以致影响周边设备的正常工作。

5.1.2 EMC 电磁兼容有关的常见术语及其定义

(1) 电磁兼容性(Electromagnetic Compatibility,EMC)

设备或系统在其电磁环境中能正常工作且不对该环境中任何事物构成不能承受的电磁骚扰的能力。

（2）电磁干扰（Electromagnetic Interference，EMI）

任何在传导或电磁场伴随着电压、电流的作用而产生会降低某个装置、设备或系统的性能，或可能对生物或物质产生不良影响之电磁现象。

（3）电磁敏感度（Electromagnetic Susceptibility，EMS）

在电磁骚扰的情况下，装置、设备或系统不能避免性能降低的能力。

（4）电磁骚扰（Electromagnetic Disturbance）

任何可能引起装置、设备或系统性能降低或者对有生命或无生命物质产生损害作用的电磁现象。

（5）电磁辐射（Electromagnetic Radiation）

能量以电磁波形式由源发射到空间的现象。

（6）耦合路径（Coupling Path）

部分或全部电磁能量从规定路径传输到另一电路或装置所经由的路径。

（7）电磁屏蔽（Electromagnetic Screen）

用导电材料减少交变电磁场向指定区域穿透的屏蔽。

（8）电快速瞬变脉冲群（Electrical Fast Transient Burst，Eft/B）

数量有限且清晰可辨的脉冲序列或持续时间有限的振荡，脉冲群中的单个脉冲有特定的重复周期、电压幅值、上升时间、脉宽。

（9）浪涌（Electrical Surge）

瞬间出现超出稳定值的峰值，它包括浪涌电压和浪涌电流。本质上讲，浪涌是发生在仅几百万分之一秒时间内的一种剧烈脉冲。

（10）回返电流（Return Current）

任何电流都不是简单的从源端沿着信号线到达接收端，电流必须经过一个完整的回路返回其源头，流经这个回路的电流就是回返电流。

（11）参考平面（Reference Plane）

参考平面层是PCB内部相邻于电路或信号的铜箔层（如电源平面或地平面），可提供RF电流低阻抗的路径以使其返回到源头。

（12）微带线（Microstrip Line）

PCB外层的走线，经电介质邻接参考平面层。

（13）带状线（Stripline）

带状线介于两个完整参考平面层（电源层或地层）之间。

（14）天线效应（Antenna Effect）

印制板上任何"悬空"的金属都会积累电荷，当能量足够大时便会向外辐射能量，形成天线效应。

（15）辐射骚扰（Radiated Emission，RE）

能量以电磁波的形式由源发射到空间，或能量以电磁波形式在空间传播的现象。

（16）传导干扰（Conducted Emission，CE）

传导干扰是指通过介质把一个电网络上的信号耦合到另一个电网络。

（17）静电放电（Electrostatic Discharge，ESD）

具有不同静电电位的物体互相靠近或直接接触引起的电荷转移。

5.1.3　EMC 电磁兼容研究的目的和意义

EMC 电磁兼容研究的目的和意义介绍如下：

（1）确保系统内部的电路正常工作，互不干扰，以达到预期的功能。

（2）降低电子系统对外的电磁能量辐射，使系统产生的电磁干扰强度低于特定的限定值。

（3）减少外界电磁能量对电子系统的影响，提高系统自身的抗扰能力。

5.1.4　EMC 的主要内容

EMC 是研究在给定的时间、空间、频谱资源的条件下：

（1）同一设备内部各电路模块的相容性，互不干扰、能正常工作。

（2）不同设备之间的兼容性，EMC 分为 EMI、EMS 两部分。

- EMI：电磁干扰，即处在一定环境中设备或系统，在正常运行时，不应产生超过相应标准所要求的电磁能量。

- EMS：电磁敏感度，即处在一定环境中设备或系统，在正常运行时，设备或系统能承受相应标准规定范围内的电磁能量干扰，或者说设备或系统对于一定范围内的电磁能量不敏感，能按照设计的性能保持正常的运行、工作（防静电要求为此类）。

5.1.5　EMC 三要素

EMC 三要素包括干扰源、传导路径和敏感器件，分别介绍如下。

（1）干扰源

干扰源包括：

- 时钟电路（包括晶振、时钟驱动电路）。
- 开关电源。
- 高速总线（通常为低位地址总线如：A0、A1、A2）。
- 高电平信号、大电流信号、dv/dt、di/dt 高信号。
- 继电器。
- 部分塑封器件。
- 内部互连电缆。

（2）传导路径

传播 RF 能量的各种媒质，例如自由空间、互连电缆（共模耦合）按传播的方式，电磁干扰分为如下两种类型。

① 传导型干扰：传导型干扰是系统产生并返回到支流输入线或信号线的噪声，这个噪声的频率范围为 $10kHz \sim 30MHz$，它既有共模方式，又有差模方式。LC 网络常常是抑制传导干扰的主要方式。

② 辐射型干扰：辐射型干扰以电磁波的方式直接发射，线路中一个普通的例子是电

源线扮演发射天线的作用,频率覆盖范围30MHz～1GHz,这个范围的EMI可通过金属屏蔽的方式抑制。

（3）敏感器件

PCB上的各种敏感器件,它们易于接收来自I/O线缆的辐射干扰并把这些有害能量传输到其他敏感电路或器件上,敏感器件或信号主要包括锁相环、收发模块、模拟信号、复位信号、小弱信号等。

5.1.6　EMC设计对策

EMC设计对策包括如下内容。

（1）降低干扰源

① 合理的PCB设计,消除RF干扰。

② 多为增加磁珠和电感,尤其是坦电容。

③ 将有源器件使所有辐射通过PCB设计将电感能量限制在最小。

④ 利用时钟扩频技术或适当的减缓信号的上升沿来降低时钟信号的干扰强度。

⑤ 在器件选型方面以及天线效应方面(如严格控制线头长度、控制信号回路面积)来控制EMI的强度。

（2）切断或削弱传播途径

① 对应传导耦合:加滤波电容、滤波器、共模线圈、隔离变压器等。

② 对应辐射耦合:相邻层垂直走线、加屏蔽地线、磁性器件合理布局、3W规则、正确层分布、辐射能力强或敏感信号内布层、使用I/O双绞线、辐射信号强的信号远离拉手条、板边缝隙等。

（3）提高设备的抗干扰能力

PCB设计时采用接地、屏蔽、滤波技巧,提高设备的抗干扰能力。

5.1.7　EMC设计技巧

EMC设计技巧包括如下内容:

（1）信号质量的要求

在产品的EMC设计中,除了通过有关测试、获取CE认证外,还必须结合信号完整性分析,保证信号质量。

（2）系统设计,对策多样化

目前业界一流公司在EMC的处理上均采用注重源头控制的EMC系统设计,从产品的概念、设计阶段给予关注,可在原理、PCB、结构、线缆、屏蔽、滤波、软件等各个方面采取对策。

设计之初多采取一些抑制措施,电子产品的EMC性能是设计赋予。

（3）缩短开发周期

重视源头控制,缩短开发周期。

（4）降低批量成本

PCB的设计需要综合质量、成本、加工工艺、EMC、安规、热等诸多因素,缺乏对以上的综合考虑,都不是一个成功的产品。需要对以上因素做到全局把握,根据实际情况,采取不同的对策,降低批量成本。

(5)信号完整性设计

信号完整性是指一个信号在电路中产生正确的相应的能力,信号具有良好的信号完整性。信号完整性问题包括反射、振荡、地弹、串扰等。注重源头控制 EMC 系统设计,从产品的概念、设计阶段给予关注,可在原理、PCB、结构、线缆、屏蔽、滤波、软件等各个方面采取对策。

① 过大的上冲,可能是终端阻抗不匹配,可使用终端端接或使用上升时间缓慢的驱动源。

② 直流电压电平不好,可能是线上负载过大,可以用交流负载替换直流负载,或者在接收端端接,重新布线或检查地平面。

③ 过大的串扰,可能是因为线间耦合过大,可使用上升时间缓慢的发送驱动器,或使用能提供更大驱动电流的驱动源。

④ 时延太大,可能是传输线距离太长,可替换或重新布线,检查串行端接头,或使用阻抗匹配的驱动源,变更布线策略。

⑤ 振荡,有可能是阻抗不匹配造成的,可在发送端串接阻尼电阻。

(6)滤波、干扰

滤波技术是抑制干扰的一种有效措施,尤其是在对付开关电源 EMI 信号的传导干扰和某些辐射干扰方面,具有明显的效果。

任何电源线上传导干扰信号,均可用差模和共模干扰信号来表示。差模干扰在两导线之间传输,属于对称性干扰;共模干扰在导线与地机壳之间传输,属于非对称性干扰。在一般情况下,差模干扰幅度小、频率低、所造成的干扰较小;共模干扰幅度大、频率高,还可以通过导线产生辐射,所造成的干扰较大。因此,欲削弱传导干扰,把 EMI 信号控制在有关 EMC 标准规定的极限电平以下,除抑制干扰源以外,最有效的方法就是在开关源输入和输出电路中加装 EMI 滤波器。一般设备的工作频率约为 10～50kHz。EMC 很多标准规定的传导干扰电平的极限值都是从 10kHz 算起。对开关电源产生的高频段 EMI 信号,只要选择相应的去耦电路或网络结构较为简单的 EMI 滤波器,就不难满足符合 EMC 标准的滤波效果。

瞬态干扰:是指交流电网上出现的浪涌电压、振铃电压、火花放电等瞬间干扰信号,其特点是作用时间极短,但电压幅度高、瞬态能量大。瞬态干扰会造成单片开关电源输出电压的波动。当瞬态电压叠加在整流滤波后的直流输入电压超过内部功率开关管的漏-源极击穿电压,因此必须采用抑制措施。通常静电放电(ESD)和电快速瞬变脉冲群(EFT)对数字电路的危害甚于其对模拟电路的影响。静电放电在 5～200MHz 的频率范围内产生强烈的射频辐射。此辐射能量的峰值经常出现在 35～45MHz 发生自激振荡。许多 I/O 电缆的谐振频率也通常在这个频率范围内,电缆中便串入了大量的静电放电辐射能量。当电缆暴露在 4～8kV 静电放电环境中时,I/O 电缆终端负载上可以测量到的感应电压可达到 600V。这个电压远超出了典型数字的门限电压值 0.4V。典型的感应脉冲持续时间大约为 400ns。将 I/O 电缆屏蔽起来,且将其两端接地,使内部信号引线全部处于屏蔽层内,可以将干扰减小 60～70dB,负载上的感应电压只有 0.3V 或更低。电快速瞬变脉冲群也产生相当强的辐射发射,从而耦合到电缆和机壳线路。电源线滤波器可以对电源进行保护。线-地之间的共模电容是抑制这种瞬态干扰的有效器件,它使干扰旁路到机壳,而远离内部电路。当这个电容的容量受到泄漏电流的限制而不能太大时,共模扼流圈必须提供更大的保护作用。这通常要求使用专门的带中心抽头的共模扼流圈,中心抽头通过一只电容(容量由泄漏电流决定)连接到机壳。共模扼流圈通常绕在高导磁率铁氧体芯上,其典型电感值为 15~20mH。

合理布置电源滤波/退耦电容:一般在原理图中仅画出若干电源滤波/退耦电容,但未指出它们各自应接于何处。其实这些电容是为开关器件(门电路)或其他需要滤波/退耦的部件而设置的,布置这些电容就应尽量靠近这些元部件,离得太远就没有作用了(当电源滤波/退耦电容布置的合理时,接地点的问题就显得不那么明显)。

- 电源输入端跨接 10~100μF 的电解电容器,如有可能,接 100μF 以上的更好。
- 原则上每个集成电路芯片都应布置一个 0.01pF 的瓷片电容,如遇印制板空隙不够,可每 4~8 个芯片布置一个 1~10pF 的钽电容。
- 对于抗噪能力弱、关断时电源变化大的器件,如 RAM、ROM 存储器件,应在芯片的电源线和地线之间直接接入退耦电容。
- 电容引线不能太长,尤其是高频旁路电容不能有引线。
- 在印制板中有接触器、继电器、按钮等元件时。操作它们时均会产生较大火花放电,必须采用 RC 电路来吸收放电电流,一般 R 取 1~2kΩ,C 取 2.2~47μF。
- CMOS 的输入阻抗很高,且易受干扰,因此在使用时对不用端要接地或接正电源。

(7) 金属氧化物压敏电阻应用

压敏电阻是目前广泛应用的瞬变干扰吸收器件,描述压敏电阻性能的主要参数是压敏电阻的标称电压和通流容量即浪涌电流吸收能力,前者是使用者经常易弄混淆的一个参数。压敏电阻标称电压是指在恒流条件下(外径为 7mm 以下的压敏电阻取 0.1mA;7mm 以上的取 1mA)出现在压敏电阻两端的电压降。由于压敏电阻有较大的动态电阻,在规定形状的冲击电流下(通常是 8/20μs 的标准冲击电流)出现在压敏电阻两端的电压(亦称是最大限制电压)大约是压敏电阻标称电压的 1.8~2 倍(此值也称残压比)。这就要求使用者在选择压敏电阻时事先有所估计,对确有可能遇到较大冲击电流的场合,应选择使用外形尺寸较大的器件(压敏电阻的电流吸收能力正比于器件的通流面积,耐受电压正比于器件厚度,而吸收能量正比于器件体积)。使用压敏电阻要注意它的固有电容。根据外形尺寸和标称电压的不同,电容量在数千至数百 pF 之间,这意味着压敏电阻不适宜在高频场合下使用,比较适合于在工频场合,如作为晶闸管和电源进线处做保护用。特别要注意,压敏电阻对瞬变干扰吸收时的高速性能(达 ns 级),故安装压敏电阻必须注意其引线的感抗作用,过长的引线会引入由于引线电感产生的感应电压(在示波器上,感应电压呈尖刺状)引线越长,感应电压也越大。为取得满意的干扰抑制效果,应尽量缩短其引线。关于压敏电阻的电压选择,要考虑被保护线路可能有的电压波动(一般取 1.2~1.4 倍)。如果是交流电路,还要注意电压有效值与峰值之间的关系。所以对220V 线路,所选压敏电阻的标称电压应当是 220×1.4×1.4~430V。此外,就压敏电阻的电流吸收能力来说,1kA(对 8/20μs 的电流波)用在晶闸管保护上,3kA 用在电器设备的浪涌吸收上；5kA 用在雷击及电子设备的过压吸收上；10kA 用在雷击保护上。压敏电阻的电压档次较多,适合做设备的一次或二次保护。

(8) 硅瞬变电压吸收二极管(TVS管)的应用

硅瞬变电压吸收二极管具有极快的响应时间(亚纳秒级),和相当高的浪涌吸收能力,及极多的电压档次。可用于保护设备或电路免受静电、电感性负载切换时产生的瞬变电压,以及感应雷所产生的过电压。TVS管有单方向(单个二极管)和双方向(两个背对背连接的二极管)两种,它们的主要参数是击穿电压、漏电流和电容。使用中 TVS 管的击穿电压要比被保护电路工作电压高 10% 左右,以防止因线路工作电压接近 TVS 击穿电压,使 TVS 漏电流影响电路正常工作;也避免因环境温度变化导致 TVS 管击穿电压落入线路正常工作电压的范围。

TVS 管有多种封装形式,如轴向引线产品可用在电源馈线上;双列直插的和表面贴装的适合于在印刷板上作为逻辑电路、I/O 总线及数据总线的保护。

TVS 管在使用中应注意如下事项:

对瞬变电压的吸收功率(峰值)与瞬变电压脉冲宽度间的关系。

- 对小电流负载的保护,可有意识地在线路中增加限流电阻,只要限流电阻的阻值适当,不会影响线路的正常工作,而限流电阻对干扰所产生的电流却会大大减小。这就有可能选用峰值功率较小的 TVS 管对小电流负载线路进行保护。
- 对重复出现的瞬变电压的抑制,尤其值得注意的是 TVS 管的稳态平均功率是否在安全范围之内。
- 作为半导体器件的 TVS 管,要注意环境温度升高时的降额使用问题。
- 特别要注意 TVS 管的引线长短,以及它与被保护线路的相对距离。
- 当没有合适电压的 TVS 管供使用时,允许用多个 TVS 管串联使用,串联管的最大电流决定于所采用管中电流吸收能力最小的一个,而峰值吸收功率等于这个电流与串联管电压之和的乘积。
- TVS 管的结电容是影响它在高速线路中使用的关键因素,在这种情况下,一般用一个 TVS 管与一个快恢复二极管以背对背的方式连接,由于快恢复二极管有较小的结电容,因而二者串联的等效电容也较小,可满足高频使用的要求。

(9) 传导干扰及抑制措施

传导干扰的频率大致为 100kHz～30MHz,而且不同的标准定义的频率范围不一样。我们国家采用的标准与 FCC 标准相似。传导干扰是指干扰信号通过馈电线对市电电网的干扰。由于绝大部分的电器、仪表都直接与电网相连接,抑制传导干扰意义在于减小这仪表电器对电网的污染,防止干扰信号通过电网这个公共途径对其他电子设备的干扰。

传导干扰是电网上的高频负载引起的,这些负载是高频工作的开关电源、高频信号源、高频加热器等。这些负载往往会产生脉冲式的大电流,这些电流通过大的电流环路,产生了一些滤波电路无法滤除的共模噪声,而且噪声中包含了丰富的高次谐波。

抑制传导干扰最常用的方法是在电网馈电回路中插入共模滤波器,共模滤波器如图 5-1 所示,由 C1、C2、C3 与 B1 组成,C1 为安全标准件,取值在 $0.047\sim0.47\mu F$,耐压为 AC 250V,薄膜电容,主要是滤除差模噪声。B1 是绕在同一磁路上的两组线圈,电感量在

12～50mH,磁性材料为一般的铁氧体软磁材料。C2及C3也是安全标准件,取值在1000～4700pF,耐压为AC250V,陶瓷介质的电容,起到抑制共模噪声的作用。

（10）辐射干扰及其抗干扰措施

① 辐射干扰的频率范围为30MH～1GHz,辐射是高频信号源通过布线向空间辐射电磁谐波能量。这些不受控制的电磁波辐射会影响正常的无线电通信,例如干扰收音机、电视机、无线电话等设备。

② 辐射干扰是超高频信号通过布线作为发射天线向外辐射无用电磁能量,因此尽可能缩小可被利用的布线尺寸,就有利于降低辐射干扰。

抗干扰措施如下:

① 净化电源线。由于电源线是一切信号源的能量供给线,故电源上被污染的可能性最大,并且电源线尺寸大且长,处理不好,辐射就很容易把电源线作为干扰出口通道。要净化电源线,就必须在电源布线的恰当位置加入滤波电容。这些电容要求高频特性好、尺寸小、便于靠近负载。这些电容一般为叠层式的陶瓷电容,容量取0.01～0.47μF,电容靠近负载(各种IC)的电源管脚,并且注意布线,如图5-2所示。

图5-1　共模滤波器　　　　图5-2　电容靠近负载的电源管脚

② 减缓高频信号源的边沿的上升及下降时间。极快的上升沿与下降沿包含了很大的高次谐波能量,这些谐波都易于辐射,快速的边沿也易通过布线的等效分布电容与电感的谐振而产生极高的电压及电流尖峰而产生大的辐射干扰。因此,在保证信号时序的前提下最大可能地降低边沿速度是很有必要的。一般的方法是在线上串联电阻,这电阻与分布电容的积分效应可放慢信号的边沿速度,也可通过选择适当的电阻作为布线的等效的R、L、C回路的阻尼电阻防止线上产生电压及电流尖峰。这些阻尼电阻的取值为数十欧到数百欧之间,电阻在线上的位置应尽可能靠近信号的源端,便于产生RC积分效应。对于双向的数据线,可以在两个源端均插入电阻。这些电阻随着信号的频率上升,布线延长而减小,适当的值应通过实验确定。

5.2　常见EMC器件

电磁兼容性元件是解决电磁干扰发射和电磁敏感度问题的关键,正确选择和使用这些元件是做好电磁兼容性设计的前提。由于每一种电子元件都有它各自的特性,因此在设计时要仔细考虑。接下来将讨论一些常见的用来减少或抑制电磁兼容性的电子元件和电路设计技术。

5.2.1 磁珠

磁珠英文名 Bead,其中铁氧体磁珠是目前应用发展很快的一种抗干扰器件,廉价、易用,滤除高频 EMI 噪声,效果显著。它等效于电阻和电感串联,但电阻值和电感值都随频率变化。比普通的电感有更好的高频滤波特性,在高频时呈现阻性,所以能在相当宽的频率范围内保持较高的阻抗,从而提高高频滤波效果。

（1）磁珠主要特性参数

- 直流电阻 DCResistance(mohm):直流电流通过磁珠时,磁珠所呈现的电阻值。
- 额定电流 RatedCurrent(mA):表示磁珠正常工作时的最大允许电流。
- 阻抗[Z]@100MHz(ohm):这里所指的是交流阻抗。
- 电阻频率特性:描述电阻值随频率变化的曲线。
- 感抗频率特性:描述感抗随频率变化的曲线。

（2）磁珠选用

磁珠在低频端几乎没有任何阻抗,只有在高频时才会表现很高的阻抗。故而一般在抑制高频干扰时大多选择磁珠。

选择磁珠除了注意百兆阻抗、直流阻抗、额定电流这三个参数外,还应该注意磁珠的使用类别。例如,高频高速磁珠、电源磁珠(大电流)、普通信号磁珠。

（3）磁珠典型应用

铁氧体磁珠广泛应用于印制电路板电源线和信号数据线上。如在印制板的电源线入口端加上铁氧体磁珠,就可以滤除高频干扰。

铁氧体磁珠专用于抑制信号线、电源线上的高频干扰和尖峰干扰,它也具有吸收静电放电脉冲干扰的能力。

磁珠典型应用在信号接口中,主要抑制端口带出的干扰以及外来干扰,如 232 接口、VGA 接口、LCD 接口等。

铁氧体磁珠还用于数字电源电路中滤除高频噪声,如晶振电源、PLL 电源等。

在数字电路中,由于脉冲数字信号含有频率很高的高次谐波,也是电路高频辐射的主要根源,所以可在这种场合应用发挥磁珠的作用,如时钟信号线、数据地址总线等。

（4）磁珠选择的注意事项

① 不需要的信号的频率范围为多少。

② 噪声源是谁。

③ 需要多大的噪声衰减。

④ 环境条件是什么(温度、直流电压、结构强度)。

⑤ 电路和负载阻抗是多少。

⑥ 是否有空间在 PCB 上放置磁珠;前三条通过观察厂家提供的阻抗频率曲线就可以判断。在阻抗曲线中三条曲线都非常重要,即电阻、感抗和总阻抗。

5.2.2 共模电感

共模电感(Common mode Choke),也称为共模扼流圈,常用于计算机的开关电源中过滤共模的电磁干扰信号。在板卡设计中,共模电感也是起 EMI 滤波的作用,用于抑制高速信号线产生的电磁波向外辐射发射。

(1)共模电感主要特性参数

阻抗值:Common Mode Filter 之规格标式上均会有两条曲线,上面的是共模的阻抗曲线,下面的是差模的阻抗曲线(阻值高影响信号传输),如图 5-3 所示。

直流电阻:DCR 为直流状态之电阻值,此值若太高在电源端口会形成压降。

额定电压:是指电气设备长时间正常工作时的最佳电压,额定电压也称为标称电压。

额定电流:是指用电设备在额定电压下,按照额定功率运行时的电流。

图 5-3 频率-阻抗曲线

(2)共模电感选用及注意事项

所需阻抗:需要多少噪声衰减。

所需频率范围:噪声频率带宽是多少。

所需的电流处理:它必须处理多少差模电流。

(3)典型应用

信号 Common Mode Filter 主要被应用在 USB、ETH、1394、LVDS、DVI、HDMI、DisplayPort、DDR 时钟、485、CAN 等高速接口的差分信号线滤除共模干扰噪声,并确保信号的完整性。

电源接口共模电感主要用在 AC 电源、DC 电源接口,其中:

- AC 接口主要用 1~30mH 共模电感。
- DC 端口一般几十 μH,滤波高频。

5.2.3 瞬态抑制二极管(TVS)

瞬态抑制二极管(TVS 管)是由半导体硅材料制造的特殊二极管,它与电路并联使用,电路正常时 TVS 处于关断状态呈现高阻抗,当有浪涌冲击电压时能以 nS 量级的速度从高阻抗转变为低阻抗吸收浪涌功率,使浪涌电压通过其自身到地,从而保护电路不受侵害。其特点是作用时间短、电压幅度高、瞬态能量大,瞬态电压叠加在电路的工作电压上会造成电路的"过电压"而损坏。

(1)瞬态抑制二极管主要特性参数

① 最大反向漏电流 ID 和额定反向关断电压 VWM。

VWM 是 TVS 最大连续工作的直流或脉冲电压,当这个反向电压加入 TVS 的两极间时,它处于反向关断状态,流过它的电流应小于或等于其最大反向漏电流 ID。

② 最小击穿电压 V_{BR}。

V_{BR} 是 TVS 最小的雪崩电压。25℃时,在这个电压之前,TVS 是不导通的。当 TVS 流过规定的测试电流时,加入 TVS 两极间的电压为其最小击穿电压 V_{BR}。按 TVS 的 V_{BR} 与标准值的离散程度,可把 TVS 分为±5% V_{BR} 和±10% V_{BR} 两种。对于±5% V_{BR},VWM=0.85 V_{BR};对于±10% V_{BR},VWM=0.81V_{BR}。

③ 最大箝拉电压 V_C 和最大峰值脉冲电流 I_{PP}。

当持续时间为 $20\mu s$ 的脉冲峰值电流 I_{PP} 流过 TVS 时,在其两极间出现的最大峰值电压为 V_C。它是串联电阻上和因温度系数两者电压上升的组合。V_C、I_{PP} 反映 TVS 器件的浪涌抑制能力。V_C 与 V_{BR} 之比称为箝位因子,一般在 $1.2\sim1.4$。

④ 电容量 C。

电容量 C 是 TVS 雪崩结截面决定的、在特定的 1MHz 频率下测得。C 的大小与 TVS 的电流承受能力成正比,C 过大将使信号衰减。因此,C 是数据接口电路选用 TVS 的重要参数。

⑤ 最大峰值脉冲功耗 PM。

PM 是 TVS 能承受的最大峰值脉冲耗散功率。其规定的试验脉冲波形和各种 TVS 的 PM 值,查阅有关产品手册。在给定的最大箝位电压下,功耗 PM 越大,其浪涌电流的承受能力越大;在给定的功耗 PM 下,箝位电压 V_C 越低,其浪涌电流的承受能力越大。另外,峰值脉冲功耗还与脉冲波形、持续时间和环境温度有关。而且 TVS 所能承受的瞬态脉冲是不重复的,器件规定的脉冲重复频率(持续时间与间歇时间之比)为 0.01%,如果电路内出现重复性脉冲,应考虑脉冲功率的"累积",有可能使 TVS 损坏。

⑥ 箝位时间 TC。

TC 是 TVS 两端电压从零到最小击穿电压 V_{BR} 的时间。对单极性 TVS 一般是 1×10^{-12} 秒;对双极性 TVS 一般是 1×10^{-11} 秒。

(2)瞬态抑制二极管选用及注意事项

① 确定被保护电路的最大直流或连续工作电压、电路的额定标准电压和"高端"容限。

② TVS 额定反向关断 VWM 应大于或等于被保护电路的最大工作电压。若选用的 VWM 太低,器件可能进入雪崩或因反向漏电流太大影响电路的正常工作。串行连接分电压,并行连接分电流。

③ TVS 的最大箝位电压 V_C 应小于被保护电路的损坏电压。

④ 在规定的脉冲持续时间内,TVS 的最大峰值脉冲功耗 PM 必须大于被保护电路内可能出现的峰值脉冲功率。在确定最大箝位电压后,其峰值脉冲电流应大于瞬态浪涌电流。

⑤ 对于数据接口电路的保护,还必须注意选取具有合适电容 C 的 TVS 器件。

⑥ 根据用途选用 TVS 的极性及封装结构。交流电路选用双极性 TVS 较为合理;多线保护选用 TVS 阵列更为有利。

⑦ 温度考虑。瞬态电压抑制器可以在 $-55℃\sim+150℃$ 之间工作。如果需要 TVS 在一个变化的温度工作,由于其反向漏电流 ID 是随温度增加而增大;功耗随 TVS 结温增加而下降,从 $+25℃\sim+175℃$,大约线性下降 50%,击穿电压 V_{BR} 随温度的增加按一定的系数增加。因此,必须查阅有关产品资料,考虑温度变化对其特性的影响。

(3)典型应用

TVS 主要应用在 485 接口、232 接口、USB 接口、VGA 接口等需要防静电以及热插拔端口。

5.2.4 气体放电管

气体放电管(GDT)是一个由密封于气体放电管介质的(不处在大气压力下的空气中)一个或一个以上放电间隙组成的器件,用于保护设备或人身免遭高压电压的危害。

(1)气体放电管主要特性参数

- 直流击穿电压(100V/s)。
- 冲击击穿电压(1000V/μs)。
- 绝缘电阻。
- 极间电容。

(2)气体放电管的选用及注意事项

① 在快速脉冲冲击下,陶瓷气体放电管气体电离需要一定的时间(一般为0.2~0.3μs),因而有一个幅度较高的尖脉冲会泄漏到后面。若要抑制这个尖脉冲,一般采用两级保护电路来考虑,以气体放电管作为第一级,以TVS二极管或半导体放电管作为第二级,两级之间用电阻、电感或自恢复保险丝隔离。

② 直流击穿电压Vsdc的选择:直流击穿电压Vsdc的最小值应大于可能出现的最高电源峰值电压或最高信号电压的1.2倍以上。

③ 冲击放电电流的选择:要根据线路上可能出现的最大浪涌电流或需要防护的最大浪涌电流选择。放电管冲击放电电流应按标称冲击放电电流(或单次冲击放电电流的一半)来计算。

④ 续流问题:为了使放电管在冲击击穿后能正常熄弧,在有可能出现续流的地方(如有源电路中),可以在放电管上串联压敏电阻或自恢复保险丝等限制续流,使它小于放电管的维持电流。

注意以下事项:

- 陶瓷气体放电管不能直接用在电源上做差模保护。
- 击穿电压要大于线路上最大信号电频电压。
- 耐电流不能小于线路上可能出现的最大异常电流。
- 脉冲击穿电压须小于被保护线路电压。

(3)典型应用

气体放电管主要应用在AC电源、DC电源接口、485电路、视频接口、XDSL、以太网接口等需要防雷保护的接口。

5.2.5 半导体放电管

半导体放电管(TSS)也称浪涌抑制晶闸管,是采用半导体工艺制成的PNPN结四层结构器件,其伏安特性类似于晶闸管,具有典型的开关特性。TSS一般并联在电路中应用正常工作状态下TSS处于截止状态,当电路中由于感应雷、操作过电压等出现异常过电压时,TSS快速导通泄放电流,保护后端设备免遭异常过电压的损坏,异常过电压消失后,TSS又恢复至截止状态。

（1）半导体放电管主要特性参数

V_{DRM} 反向截止电压（断态重复峰值电压）：也称断态重复峰值电压，断态时刻施加的包含所有直流和重复性电压分量的额定最高（峰值）瞬时电压。

I_{DRM} 反向最大漏电流（断态重复峰值电流）：也称断态重复峰值电流，是指施加断态重复峰值电压 V_{DRM} 产生的最大（峰值）断态电流。

I_H：维持晶闸管通态的最小电流。

（2）选用及其注意事项

选用半导体放电管应注意以下几点：

① 最大瞬间峰值电流 I_{PP} 必须大于通信设备标准的规定值。如 FCC Part68A 类型的 I_{PP} 应大于 100A；Bellcore 1089 的 I_{PP} 应大于 25A。

② 转折电压 VBO 必须小于被保护电路所允许的最大瞬间峰值电压。

③ 半导体放电管处于导通状态（导通）时，所损耗的功率 P 应小于其额定功率 Pcm，Pcm＝KVT×I_{PP}，其中 K 由短路电流的波形决定。对于指数波、方波、正弦波、三角波 K 值分别为 1.00、1.4、2.2、2.8。

④ 反向击穿电压 V_{BR} 必须大于被保护电路的最大工作电压。如在 POTS 应用中，最大振铃电压（150V）的峰值电压（150×1.41＝212.2V）和直流偏压峰值（56.6V）之和为268.8V，所以应选择 V_{BR} 大于 268.8V 的器件。又如在 ISDN 应用中，最大 DC 电压（150V）和最大信号电压（3V）之和为 153V，所以应选择 V_{BR} 大于 153V 的器件。

⑤ 若要使半导体放电管通过大的浪涌电流后自复位，器件的维持电流 IH 必须大于系统所能提供的电流值。即 IH（系统电压/源阻抗）。

（3）典型应用

半导体放电管主要应用在 485 电路、视频接口、XDSL、电话接口等需要防雷保护的接口。

5.3 布局

5.3.1 层的设置

在 PCB 的 EMC 设计考虑中，首先涉及的便是层的设置。单板的层数由电源层、地层和信号层数组成，电源层、地层、信号层的相对位置以及电源、地平面的分割对单板的EMC 指标至关重要。

（1）合理的层数

根据单板的电源、地的种类、信号密度、板级工作频率、有特殊布线要求的信号数量，以及综合单板的性能指标要求与成本承受能力，确定单板的层数。对 MC 指标要求苛刻（如：产品需认证 CISPR16CLASSB）而相对成本能承受的情况下，适当增加地平面乃是PCB 的 EMC 设计的杀手锏之一。

（2）电源和地的层数

单板电源的层数由其种类数量决定。对于单一电源供电的 PCB，一个电源平面足够了；对于多种电源，若互不交错，可考虑采取电源层分割（保证相邻层的关键信号布线不跨分割区);对于电源互相交错(例如,多种电源供电的IC)的单板,则必须考虑采用两个或以上的电源平面。

每个电源平面的设置需满足以下条件:

- 减少电源分割。
- 同一电源平面应放置单一电源或多种互不交错的电源。
- 对于仅供个别器件使用的电源,可以考虑用信号层走电源线的方式连接。
- 相邻层的关键信号线不跨分割。

每个地平面的设置需满足以下条件:

- 减少地分割数量,确保地平面的完整性。
- 关键信号不要跨分割。
- 器件下面(第二层或者倒数第二层)有相对完整的地平面。
- 高速信号、高频信号、时钟信号等关键信号要有地平面做参考。

(3) 信号层数

信号的层数主要取决于功能实现,从EMC的角度,需要考虑关键信号网络(强辐射网络以及易受干扰的小、弱信号)的屏蔽或隔离措施。

(4) 参考平面的选择

地平面或者电源平面都可以当作参考平面,具有一定的屏蔽作用,其中地平面一般都做了接地处理,并作为基准参考电平,参考效果远远优于电源平面。在采用电源平面和地平面做参考平面时需要注意以下问题。

- 电源平面的阻抗比地平面阻抗高。
- PCB主电源平面应尽量靠近地平面,以增大两者的耦合电容,从而降低电源平面的阻抗。
- 电源平面与地平面构成的板间电容与板上其他去耦电容结合,这样不但可以降低电源层的阻抗,又可以增加去耦频带。

5.3.2 模块划分及特殊器件布局

1. 模块划分

在PCB设计中,通常在布局时就需要对器件进行分模块,以便后续的走线方便合理。通常模块划分有以下三种方式。

(1) 按功能划分

各种电路模块实现不同的功能,例如时钟电路、放大电路、驱动电路、A/D、D/A转换电路、I/O电路、开关电源、滤波电路等,它们实现的功能是各不相同的。

一个完整的设计可能包含了其中多种功能的电路模块,在进行PCB设计时,可依据信号流向,对整个电路进行模块划分,从而保证整个布局的合理性,达到整体布线路径最短,各个模块互不交错,减少模块间互相干扰的可能性。

(2) 按频率划分

按照信号的工作频率和速率可以对电路模块进行划分;高、中、低频率渐次展开,互不交错。

（3）按信号类型划分

按信号类型可以分为数字电路和模拟电路两部分。为了降低数字电路对模拟电路的干扰，使它们能和平共处，达到兼容状态，在 PCB 布局时需要给它们定义不同的区域，从空间上进行必要的隔离，减小相互之间的耦合。对于数、模转换电路，如 A/D、D/A 转换电路，应该布放在数字电路和模拟电路的交界处，器件放置的方向应以信号的流向为前提，使信号引线距离最短，并使模拟部分的管脚位于数字地的上方。

2. 器件布局

电路布局的一个原则就是应该按照信号流向关系，尽可能做到使关键的高速信号走线最短，其次考虑电路板的整齐、美观。时钟信号应尽可能短，若时钟走线无法缩短，则应在时钟线的两侧加屏蔽地线，对于比较敏感的信号线，也应考虑屏蔽措施。

时钟电路具有较大的对外辐射，会对一些敏感的电路，特别是模拟电路产生较大的影响，因此在电路布局时应让时钟电路远离其他无关电路，为了防止时钟信号的对外辐射，时钟电路一般应远离 I/O 电路和电缆连接器。

低频数字 I/O 电路和模拟 I/O 电路应靠近连接器布放，时钟电路、高频电路和存储器等器件常布放在电路板的最靠近里面的位置，中低频逻辑电路一般放在电路板的中间位置；如果有 A/D、D/A 电路，则一般放在电路板的中间位置。

基本要点介绍如下：

（1）区域分割：不同功能种类的电路应该放于不同的区域，如对数字电路、模拟电路、接口电路、时钟、电源等进行分区。

（2）数、模转换电路应布放在数字电路区域和模拟电路区域的交界处。

（3）时钟电路、高速电路、存储器电路应布放在电路板最靠近里边的位置，低频数字 I/O 电路和模拟 I/O 电路应靠近连接器布放。

（4）应该采用基于信号流的布局，使关键信号的高频信号的连线最短，而不是首先考虑电路板的整齐、美观。控制驱动部分远离屏蔽体的局部开孔，并应尽快离开本板。

（5）晶体、晶振等应就近与对应的 IC 放置。

（6）基准电压源（模拟电压信号输入线、A/D 变换参考电源）要尽量远离数字信号。

3. 特殊器件的布局

（1）电源部分

在分散供电的电路板上都要有一个或者多个 DC/DC 电源模块，加上与之相关的电路，如滤波、防护等电路共同构成电路板电源的输入部分。

现代的开关电源是 EMI 产生的重要源头，干扰频带可以达到 300MHz 以上，系统中多个单板都有自己独立的电源，但干扰却能通过背板或空间传播到其他的单板上，而单板供电线路越长，产生的问题越大，所以电源部分必须安装在单板电源入口处，如果存在大面积的电源部分，也要求统一放在单板一侧。电源部分放置方向上主要是考虑输入/输出线的顺畅，避免交叉。

另外，因为往往单板的电源部分相对比较独立，而又常常会产生 EMI 的问题，所以推荐利用过孔带或分割线将电源部分和其他电路部分进行分割。

（2）时钟部分

时钟往往是单板最大的干扰源,也是进行 PCB 设计时最需要特殊处理的地方,布局时一方面要使时钟源离单板的边距离尽量大,另一方面要使时钟输出到负载的走线尽量短。

（3）电感线圈

线圈(包括继电器)是最有效的接收和发射磁场的器件,建议线圈放置在离 EMI 源尽量远的地方,这些发射源可能是开关电流、时钟输出、总线驱动等。

线圈下方 PCB 上不能有高速走线或敏感的控制线,如果不能避免,就一定要考虑线圈的方向问题,要使场强方向和线圈的平面平行,保证穿过线圈的磁力线最少。

（4）总线驱动部分

随着系统容量越来越大,总线速率越来越高,总线驱动能力要求也越来越高,而总线数量也大量增加,总线匹配难以做到十分完美,所以一般总线驱动器附近的辐射场强很强,总线驱动器是时钟之外的另一主要 EMI 源。

在布局上,要求总线驱动部分离单板拉手条的距离尽量远,减小对系统外的辐射,同时要求驱动后的信号到末端的距离尽量靠近。

（5）滤波器件

滤波措施是必不可少也是最常用的手段,原理设计中提到了很多的滤波措施,例如去耦电容、三端电容、磁珠、电源滤波、接口滤波等,但在进行 PCB 设计时,如果滤波器的位置放置不当,那么滤波效果将大打折扣,甚至起不到滤波作用。

滤波器件的安装一般考虑的是就近原则。

① 去耦电容要尽量靠近 IC 的电源管脚。

② 电源滤波要尽量靠近电源输入或电源输出。

③ 局部功能模块的滤波要靠近模块的入口。

④ 对外接口的滤波要尽量靠近接插件等。

5.3.3　滤波电路的设计原则

滤波电路的设计原则包括如下内容:

（1）滤波电路必须接低阻抗的地(较宽的地线、完整的接地平面等),防止不同电路之间产生共地阻抗干扰;当采用表面铺地或者较长地线时,应设置适量的地过孔。

（2）滤波电路的输入输出端要进行隔离(例如输入输出分开布线、避免平行输入输出屏蔽隔离等)。

（3）在滤波电路的设计中,应该注意使信号路径尽量短,尽量简洁;尽量减小滤波电容的等效串联电感和等效串联电阻。

（4）接口滤波电路应该尽量靠近连接器。

（5）当多个电容并联在芯片电源管脚时,按容量从大到小依次在电源管脚展开,且保证小电容更靠近电源管脚。

（6）滤波电容摆放的原则:减短引脚长度并且尽量靠近电源的管脚,并使电源引脚与地形成的环路面积最小。

（7）必须正确地选择电容器的介质材料,如铝电解电容适用于电源子系统或电力线滤波、去耦合旁路;陶瓷片电容可用于高自谐振频率的时钟电路、中频去耦及高频滤波;数字芯片则需要采用钽电解电容。

5.3.4 接地时要注意的问题

接地时要注意如下问题:

（1）在工艺允许的前提下,缩短焊盘边缘与过孔焊盘边缘的距离。

（2）在工艺允许的前提下,接地的大焊盘必须直接盖在至少六个接地过孔上。

（3）每个焊盘至少要有两根花盘脚接地铜皮;如果工艺上允许,则采用全接触方式接地。

（4）若器件的底部有接地的金属壳,要在器件的投影区内加一些接地孔,并保证表面层的投影区内没有绿油。

（5）部分强干扰源(如振荡器)可考虑采用局部接地面,并用地过孔将局部接地面接到参考地上,禁止走线穿过局部接地面,造成局部接地面被分割。

（6）应尽量缩短接地线长度,保证相邻接地点间距不超过 $\lambda/20$,以防止地电位不均匀。

（7）接地面(包括铺地、局部接地面、电源平面上的分割地等)上不得有孤立铜皮,铜皮上一定要加接地过孔与参考地相连。

（8）禁止地线铜皮上伸出多余线头或悬空的分支地线。

（9）输入和输出端射频电缆屏蔽层,在 PCB 上的焊接点应设在走线末端周围的地线铜皮上,焊接点要有不少于六个过孔接地,保证射频信号接地的连续性。

（10）微带印制电路的终端单一接地孔直径必须大于微带线宽;否则应采用终端密排地过孔的方式接地。

（11）增大过孔直径或至少用两个金属化过孔在器件管脚旁就近接地。

5.4 布线

PCB 布线是 PCB 设计中最重要、最耗时的一个环节,这将直接影响到 PCB 的性能好坏,良好的布线有利于提升单板的 EMC 性能。

5.4.1 布线优先次序

关键信号线优先:模拟小信号、高速信号、时钟信号和同步信号等关键信号优先布线。

密度优先原则:从单板上连接关系最复杂的器件着手布线,或从连线最密集的区域开始布线。

5.4.2　布线基本原则

布线基本原则包括如下内容：

(1) 增大走线间距以减少耦合引起的串扰。

(2) 确保环面积最小原则，因为环面积越小，对外辐射也越小。任意一个电路回路中有变化的磁通量穿过时，将会在环路内感应出电流。电流的大小与磁通量成正比。较小的环路中通过的磁通量也较少，因此感应出的电流也较小，带来的干扰也就相应的少。

(3) 增大电源线与地线的宽度，减小电源线和地线的阻抗。

(4) 敏感信号线应当远离容易带来干扰的器件(如变压器)及强干扰信号线。

(5) 导线拐弯应当设置为135°走线或者圆弧走线，避免直角和锐角。

(6) 电路输入输出导线应杜绝相邻平行，无法避免时建议拉大间距并添加地线隔离。

(7) 导线要尽可能的短，若器件有地址线和数据线，需要注意等长。

(8) 信号线要确保在走线过程中线宽一致，不能因为空间太挤而随意改变线宽。

(9) PCB走线起始于管脚也终止于管脚，不能出现导线悬空的情况，易导致"天线效应"产生。

(10) 走线不能形成闭环，具体表现为同一信号线在换层以后的走线路径与换层之前走线层的走线路径形成了一个环形区域，这个区域会产生一定的电磁辐射。

(11) 敏感信号线强制遵守3W原则，两条走线的中心距离为3倍的走线宽度即两条走线的内边沿为2W。

(12) 差分线中间不能有其他信号线。

(13) 电源跨分割区域不能走对阻抗有要求的走线。

5.4.3　布线层优化

对于时钟/高频/高速信号、模拟小信号、弱信号而言，应选择在合适的信号层上布线，对于高速总线，其布线层的选择同样不能忽视。

在印制板上，表层走线为微带线，内层走线为带状线。微带线与带状线有如下区别：

(1) 微带线的传输延时比带状线小。

(2) 在给定特性阻抗的情况下，微带线的固有电容比带状线小。

(3) 微带线位于表层，可直接对外辐射；带状线位于内层，有参考平面屏蔽。

(4) 微带线可视，便于调试；带状线不可视，调试不便。

考虑到参考平面的屏蔽作用，微带线相对于带状线来说，更易于向外辐射，也更容易受空间电磁场的干扰。对于带状线，由于其位于两平面之间，辐射途径得到较好的控制，主要的干扰传播途径为传导，即需要重点考虑的是电源纹波、地电位波动以及与相邻走线之间的串扰。对于微带线，干扰不但可以通过传导方式传播，还可以直接向空间辐射，导致EMI问题。

一般来说，表层走线宜布置重要性相对较低的走线，而将强干扰或高敏感度的信号线布置在中间层。总体来看，以下两种信号线的布线需要加以关注。

（1）强辐射信号线（高频、高速、时钟线），对外辐射。

（2）模拟小信号、弱信号以及对外界干扰非常敏感的复位信号等走线，易受干扰。

对于这两类线，在条件允许的前提下，建议考虑内层走线，布线时严格遵守 3W 原则，甚至加地线进行隔离。

建议关键信号线（尤其是时钟信号线）在内层布线，其他信号线（尤其对其辐射情况不清楚的信号线）尽可能考虑内层布线；整板辐射较高的 PCB，应考虑采用表层屏蔽或单板加屏蔽罩等处理方式。

本章将通过一个 4 层 STM32 开发板实例,介绍一个完整的 PCB 设计流程,让用户熟悉前面所介绍的内容在 PCB 设计中的具体操作与实现,通过实践与理论结合熟练掌握 PCB 多层板设计的各个流程。

学习目标:

- 熟悉多层板的叠层方案和设计要求。
- 通过实际案例操作了解 4 层 PCB 设计的每个流程环节。
- 掌握 PCB 设计后期的调整优化操作及文件输出。

6.1 PCB 设计的总体流程

PCB 设计具有很大的灵活性,每个人的设计习惯不同,设计出的产品也不会一样。对整体的 PCB 设计流程而言,每个设计人员基本都会遵守一定的设计流程,流程化的处理可以让设计人员明确知道下一步应该做什么,提高工作效率。

PCB 设计的一般流程可分为原理图和 PCB 两大部分,其中 PCB 部分所占据的时间更长,大致流程如图 6-1 所示。

图 6-1 PCB 设计的大致流程

6.2 实例简介

STM32 开发板的处理器核心是 STM32F407,具有 17 个定时器,
15 个通信接口,还有 140 个含有中断功能的 I/O 端口。与之前的 STM32F1/F2 相比,
F4 新增了硬件 FPU 单元和 DSP 指令,主频提高到 168MHz,对需要浮点计算和 DSP
处理的应用尤其适用。

STM32 开发板有多个应用模块,板载的两路 CAN 和两路 USB 可同时工作;引出的
6 路串口能更大程度进行通信连接;外部 SRAM 满足大数据量的处理,电源模块增加了
电源管理芯片,可提供大电流,为 TFT 屏等大电流外设提供电源;同时引出大量的 I/O
端口,可扩展外设应用,是集学习与应用开发为一体的工业级开发板。

6.3 创建工程文件

创建工程文件的操作步骤如下:

(1) 执行菜单栏中"文件"→"新的..."→"项目"命令,在弹出的
Create Project 对话框中,设置好 Project Name 和 Folder 选项,单击对话框右下角的
Create 按钮,即可创建一个新的工程文件,如图 6-2 所示。

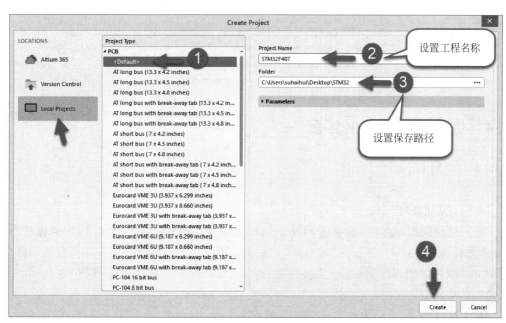

图 6-2　创建工程文件

(2) 在 STM32F407.PrjPcb 工程文件上右击,从弹出的快捷菜单中执行"添加新
的...到工程"命令,选择需要添加的原理图文件、PCB 文件和库文件,如图 6-3 所示。完
整的工程文件如图 6-4 所示。

图 6-3　添加所需文件

图 6-4　创建好的工程文件

6.4　位号标注及封装匹配

6.4.1　位号标注

位号标注的操作步骤如下:

(1) 绘制完原理图后,需要给器件添加位号标注,执行菜单栏中"工具"→"标注"→"原理图标注"命令,打开"标注"对话框,如图 6-5 所示。"处理顺序"下拉列表框可调整位号的先后顺序,"原理图页标注"复选框可选择需要进行位号标注的原理图,这两项一般保持默认即可。

(2) 通过单击"更新更改列表"按钮,弹出 Information 对话框,提示有多少个器件进行位号的标注,单击 OK 按钮,如图 6-5 所示。"建议更改列表"栏中的"建议值"将被标上序号,同时"接收更改(创建 ECO)"按钮被激活,如图 6-6 所示。

(3) 单击"接收更改(创建 ECO)"按钮,弹出"工程变更指令"对话框,如图 6-7 所示。单击"执行变更"按钮,在"状态"栏中,"检测"和"完成"出现图标 ⊘ 时,代表标注完成,单击"关闭"按钮。然后会返回"标注"对话框,单击"关闭"按钮即可完成位号标注。

图 6-5　"标注"对话框

图 6-6　"标注"对话框的变化

图 6-7　"工程变更指令"对话框

6.4.2 元件封装匹配

元件封装匹配的步骤如下：

（1）在原理图编辑界面中，执行菜单栏中"工具"→"封装管理器"命令，弹出 Footprint Manager 对话框，在对话框左侧栏中可查看所有器件的各种信息，右侧栏中可对元件的封装进行添加、移除和编辑操作，使原理图元件与封装库中的封装匹配上，如图 6-8 所示。

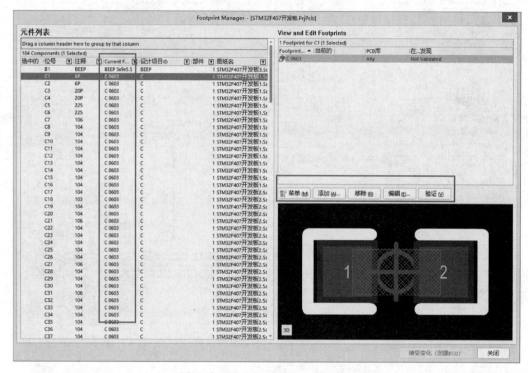

图 6-8 Footprint Manager 对话框

（2）观察左侧的 Current Footprint 一栏，确定已给全部元件选择好封装后，单击右下角的"接受变化(创建 ECO)"按钮，在弹出的"工程变更指令"对话框中，单击"执行变更"按钮，查看状态栏全部成功后，即可完成封装的匹配。

6.5 原理图的编译及导入

6.5.1 原理图编译

添加位号及封装后，需要对原理图进行编译，检查整个原理图有无电气连接等常规性错误。执行菜单栏中"工程"→Compile PCB Project STM32F407 开发板.PrjPcb 命令，或按快捷键 C+C，如图 6-9 所示。

原理图编译完成后,可以在原理图编辑界面右下角单击 Panels 面板,单击 Messages 查看编译结果,如图 6-10 所示。若其中显示 Compile successful,no errors found,则表示原理图无电气性质的错误,可以继续下一步的操作。若有错误,需双击错误提示,跳转到相应的报错区域,进行原理图的修改,直到改为无错误或错误可忽略为止。

图 6-9　编译工程命令

图 6-10　Panels 面板

6.5.2　原理图导入 PCB

在确认原理图编译无误及封装匹配完成后,可将原理图导入 PCB 中,即导入网络表。

(1) 执行菜单栏中"设计"→Update PCB Document STM32F407 开发板.PCBDoc 命令,或按快捷键 D+U,如图 6-11 所示。

(2) 在弹出的"工程变更指令"对话框中,单击"执行变更"按钮,通过对话框右侧的状态栏可查看导入状态,"✔"表示导入成功,"✖"表示导入过程中存在错误。若存在错误,需双击报错提示,将会跳转到相应原理图区域,针对错误进行修改。

图 6-11　导入网络表

6.6　板框绘制

器件全部导入之后,根据设计所需的结构要求,确定板子的边框大小。

(1) 在 PCB 编辑界面中,根据要求在 Mechanical1 层绘制板框,执行菜单栏中"放置"→"线条"和"圆弧"命令,绘制符合条件的闭合区域,如图 6-12 所示。

(2) 按住鼠标左键框选所绘边框,执行菜单栏中"设计"→"板子形状"→"按照选择对象定义"命令,或者按快捷键 D+S+D 定义板框,如图 6-13 所示。

图 6-12 绘制板框

图 6-13 定义板框

6.7 电路模块化设计

6.7.1 电源流向

STM32F407 开发板的供电模块如图 6-14 所示。通过两种方式供电,一种是外部直流电源通过电源插座供电,另一种是 USB 接口供电。

9～24V 电源插座供电时,通过 MP2359 降压转换得到 5V 电源 VCC5,VCC5 给 USB OTG 模块供电,同时经 JP14 等接口引出,以便为其他外部设备提供电源。然后 VCC5 通过正向低压降稳压器 AMS1117 转换为 3.3V 电源,为整板各个模块供电。

USB 接口既可以直接提供 5V 电源,也可以用于 USB 通信,但不能用于下载程序。

6.7.2 串口 RS232/RS485 模块

串口通信用到的信号为 RX、TX,PCB 布线时,注意 TX、RX 尽量不要同层平行走

图 6-14　电源供电模块

线。需同层走线时,尽量保证两线之间间距至少满足 5W 以上。输入和输出不要交叉布线,中间需用地线进行隔离。

6.7.3　PHY 芯片 DP83848 及网口 RJ45 设计

1. 以太网 PHY 芯片 DP83848

DP83848 是一款低功耗、性能全的单路 10/100MB 以太网收发器,支持 MII(介质无关接口)和 RMII(精简的介质无关接口),设计方便灵活,与其他标准的以太网方案有良好的兼容性和通用性。DP83848 与网口 RJ45 之间的连接关系如图 6-15 所示。

图 6-15　网口模块部分原理图

布局时 49.9Ω 的电阻应该靠近 PHY 芯片摆放,并以最短的走线连接到电源。布线时 RD 和 TD 两对差分信号中,每对差分信号应同层平行走线,保证长度误差严格控制在 5mil 以内,尽量避免跨平面分割,如图 6-16 所示。

图 6-16　差分对走线情况

2. 以太网口 RJ-45

RJ-45 网口有两种类型,一种是将 RJ-45 和网络变压器集成到一起的集成型,另一种是将 RJ-45 和网络变压器分开的非集成型。RJ-45 整体布局如图 6-17 所示。

图 6-17　网口布局

（1）布局方面

① 若是非集成型，要求变压器尽量靠近 RJ-45，PHY 芯片和变压器之间的距离也应尽量缩短。若是集成型，则 PHY 芯片尽量靠近 RJ-45。

② 复位电路远离时钟及发送、接收差分信号，时钟电路应靠近 PHY 芯片，远离板边和高频信号。

③ 交流端接的放置。如果以太网转换芯片的资料有布局要求（有的芯片会要求放置在以太网转换器端）就按照芯片资料完成布局；如果没有要求，一般情况下交流端接靠近以太网转换芯片。

（2）布线方面

① TX±、RX± 两对差分信号尽量走表层，以减少过孔数量，对内等长保证误差在 5mil 范围内。TX 和 RX 不需要等长，走线长度差保持在 2cm 之内即可。

② 交流端接一般要经过电阻再连接到芯片或者变压器，不允许有 STUB（线头）的存在。

③ 对非集成型 RJ-45，若没有将两边地分开，变压器下方所有层需挖空，不用挖空到管脚，且不可走与变压器无关的信号，如图 6-18 所示。若是分出 PGND 和 DGND，则需将两地隔离至少 80mil，如图 6-19 所示。

图 6-18　变压器下方所有层挖空

图 6-19　PGND 和 DGND 的隔离

④ 对集成型 RJ-45，若没有将两边地分开，RJ-45 下方所有层需挖空。若是分出 PGND 和 DGND，则需将两地隔离至少 80mil。

⑤ 对于千兆以太网的信号,优先选择最优的信号层进行布线,过孔数量不要超过 2 个,换层时需在不超过 200mil 的范围内增加回流地过孔。

6.7.4 OV2640/TFTLCD 的设计

在 STM32 开发板上连接 OV2640 摄像模块的排母 JP13,布局时尽量放到板边,便于摄像头模块的插入。布线时应临近 GND 层,保证有完整的参考平面;所有信号最好同层同区域一起走线,并做等长处理,尽量控制信号长度误差在 300mil 以内;尽量少打孔换层,减少走线的负载阻抗。CLK 时钟线需包地处理,空间充足时,考虑所有信号满足 3W 原则。

TFTLCD 有时会根据需要添加 ESD 器件,若有 ESD 器件,则将其靠近 TFTLCD 接口摆放。布线要求同 OV2640 摄像模块。

6.8 器件模块化布局

在进行整体布局之前,先明确项目的结构要求,把需要放到固定位置的器件及接口放好,然后根据飞线的方向摆放 CPU。大致确定 CPU 的位置及方向后,结合原理图,使用"交叉选择"和"区域内排列"功能,将器件分模块放置,完成预布局,如图 6-20 所示。然后根据"就近集中"与"先难后易"原则,对模块电路进行细化布局,整板元件要合理分布,均匀放置,使整板布局整齐美观。

图 6-20 项目预布局

6.9　PCB 的叠层设置

STM32 开发板使用 4 层板来进行设计，其中独立的 GND 层有效地保证了地平面的完整性，独立的电源层也可以减轻整板的走线压力，所以使用 4 层板的经典叠层方案 SIN01-GND02-PWR03-SIN04。

叠层添加操作步骤如下：

（1）执行菜单栏中"设计"→"层叠管理器"命令，进入层叠管理器，如图 6-21 所示，可从左侧♯栏中看出这是一个 2 层板的叠层结构。

#	Name	Material	Type	Thickness	Weight	Pullback distance
	Top Overlay		Overlay			
	Top Solder	Solder Resist	Solder Mask	0.4mil		
1	Top Layer		Signal	1.4mil	1oz	
	Dielectric 1		Prepreg	5mil		
2	Bottom Layer		Signal	1.4mil	1oz	
	Bottom Solder	Solder Resist	Solder Mask	0.4mil		
	Bottom Overlay		Overlay			

图 6-21　层叠管理器

（2）选择在 Top Layer 下方添加两个平面，则将光标移到 Top Layer 处，右击，从弹出的快捷菜单中执行 Insert layer below→Plane 命令，作为地平面。如图 6-22 所示。再次添加一个 Signal，作为电源平面，可得到如图 6-23 所示的叠层。

图 6-22　添加平面

（3）在 Name 栏中，找到添加的层所对应的文本框，如图 6-23 中的 Layer2 和 Layer3，双击进行 Name 的修改。为了便于识别层的作用，可将 Layer2 设置为 GND02，Layer3 设置为 PWR03。

（4）根据 20H 原则，电源层比地层内缩至少 20mil，本例 PWR03 层使用的是正片，所以需要通过规则进行内缩设置。最终叠层效果如图 6-24 所示。

图 6-23　4 层板叠层

图 6-24　4 层板最终叠层效果

6.10　PCB 布线

布线是整个 PCB 设计的重要步骤,关系到信号质量的好坏。在满足电气性能的要求下,走线尽量整齐划一,避免交错杂乱。对多层板,应尽可能保证地平面和电源平面的完整性,以确保高速信号能有完整的参考平面;对双面板,走线方向应形成正交结构,减少层间串扰。

6.10.1　创建 Class 及颜色显示

在进行整体布线之前,为方便后期的操作,可根据需要对电源类走线或模块中的信号线进行分类,并赋予上颜色,便于与其他信号区分。

(1) 创建 Class

以摄像头信号为例,执行菜单栏中"设计"→"类"命令,进入"对象类浏览器"对话框。在左侧 Net Classes 中右击,从弹出的快捷菜单中执行"添加类"命令,命名为 OV2640,在"非成员"列表栏中找到并选择摄像头的信号,通过单击 ▶ 按钮,将其移到"成员"一栏,如图 6-25 所示。

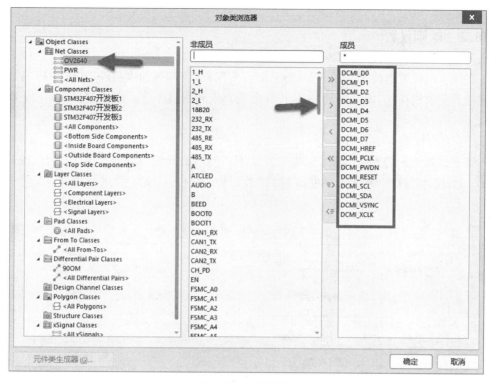

图 6-25　创建"类"

（2）网络颜色设置

① 依然以摄像头信号为例，在 PCB 面板的下拉列表框中选择 Nets 选项，如图 6-26
所示。将光标放到创建好的 OV2640 类，右击，从弹出的快捷菜单中执行 Change Net
Color 命令，如图 6-27 所示。在弹出的"选择颜色"对话框中设置颜色。

图 6-26　PCB 面板　　　　图 6-27　执行 Change Net Color 命令

② 将光标放到创建好的 OV2640 类，右击，从弹出的快捷菜单中执行"显示替换"→
"选择的打开"命令，即可选中网络类中的所有网络，再按快捷键 F5，即可实现网络颜色的
显示。

6.10.2 规则设置

布线之前设置电路走线的各种规则,如安全间距、线宽等约束条件,对整个 PCB 布线起到极其重要的作用,能够保证 PCB 符合电气要求和制板工艺。走线过程中,在线 DRC 可以实时检查违规冲突的地方。

(1)安全间距

设置整板安全间距为 8mil,铜皮与其他不同网络的元素对象间距为 10mil。按快捷键 D+R,进入"PCB 规则及约束编辑器"对话框,在 Clearance 中进行设置,如图 6-28 所示。

图 6-28 安全间距设置

(2)线宽规则设置

① 在 Width 中设置信号线宽为 8mil,如图 6-29 所示。

② 电源线线宽设为 10mil 及以上,如图 6-30 所示。

(3)过孔尺寸设置

设置整板所使用的过孔大小为 10/20mil,如图 6-31 所示。

(4)铜皮连接设置

设置正片铜皮连接为全连接,如图 6-32 所示。若想进行特定对象的规则设置,例如贴片焊盘花型连接等,可在"约束"选项中的"高级"模式下设置,如图 6-33 所示。

(5)电源层内缩规则

电源层相对 GND 平面内缩至少 20mil,实际就是相对板框内缩至少 40mil,本例中以 Keep-Out Layer 作为板框层,对应内缩规则如图 6-34 所示。

图 6-29　常规信号线宽规则

图 6-30　电源线宽规则

图 6-31　过孔尺寸设置

图 6-32　铜皮全连接规则

图 6-33　贴片焊盘花型连接

图 6-34　内缩规则

6.10.3　布线规划及连接

布线时可以分为两部分,针对整板信号的长度,分为短线和长线,先走短线,再走长线。

(1) 先走短线,即模块之内的连线。将模块内能连上的短线都连接好,对电源、地及模块间连接的长线信号应预先放置过孔,电源处的过孔数量要符合其载流。

(2) 走信号长线。本例中信号走线层是 Top Layer 和 Bottom Layer,层数相对较少,需做好布线规划,考虑哪些线从顶层走,哪些线从底层走,两层走线方向尽量形成正交结构。

其他需要注意的包括: ① 整板走线应尽量简洁,避免直角和锐角走线;②信号走线尽量减少过孔,在打孔换层的附近区域,需要放置一些回流地过孔;③重要信号如 USB 差分线需尽可能加上保护地线;④电源线和信号线之间预留一定间距,防止纹波干扰等。

6.10.4　电源平面分割

多层板中地平面应保证完整性,所以 GND02 层赋予 GND 网络。STM32 开发板的电源较少,为了方便走线,电源层采用正片走线,将 5V 电源拉通之后,剩下的空间全部铺上 3.3V 电源,如图 6-35 所示。

图 6-35　电源层走线情况

6.10.5　走线优化

走线完成后,需要优化一下,尽量减小信号的环路面积,可减少对外的辐射,如图 6-36 所示;并在空间充足的情况下,满足 3W 原则,以减少线间串扰。

图 6-36　信号环路面积优化对比

6.10.6　放置回流地过孔

在板子的空白区域和信号换层处附近添加一些地过孔,可以吸收一些杂波干扰,也可以缩短信号的回流路径,同时还加强了各层地铜皮的连通性,如图 6-37 所示。

图 6-37　放置回流地过孔

6.10.7　添加泪滴及整板铺铜

添加泪滴及整板铺铜的操作步骤如下：

（1）添加泪滴的作用是加强走线与焊盘的机械强度，在电路板受到巨大的外力冲击时，避免将走线与焊盘的接触点断开。执行菜单栏中"工具"→"滴泪"命令，按照图 6-38 所示设置。

图 6-38　添加泪滴

（2）整板大面积铺铜，可起到一定的屏蔽作用；与地线相连接，减少环路面积；减少地线阻抗，提高整板抗干扰能力。按快捷键 T＋G＋M，打开"铺铜管理器"对话框，按图 6-39 所示，进行相应设置。

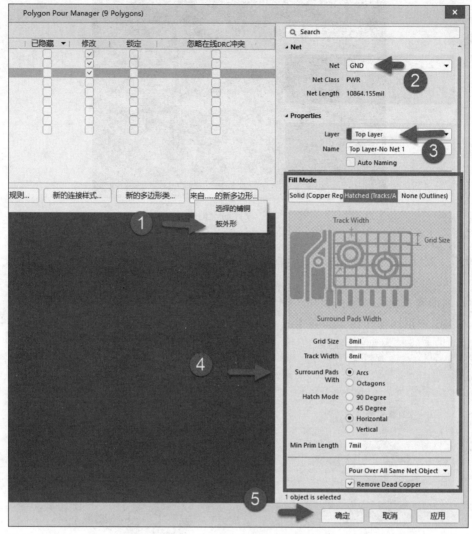

图 6-39 "铺铜管理器"对话框

6.11　PCB 设计后期处理

上述布局布线完成之后,考虑后续开发环节的需求,需要进行一些后期处理。

6.11.1　DRC 检查

根据用户设置的规则,DRC 将对 PCB 的各个方面进行检查,主要规避开路、短路等重大设计缺陷,以保证后期正确的文件输出。

按快捷键 T+D,进入"设计规则检查器"对话框,将需要检查的项目进行勾选,一般只需勾选 Electrical 中的所有选项,如图 6-40 所示。单击"运行 DRC"按钮即可生成 DRC报告。若有错误,需修改到无错误或者错误可忽略为止。

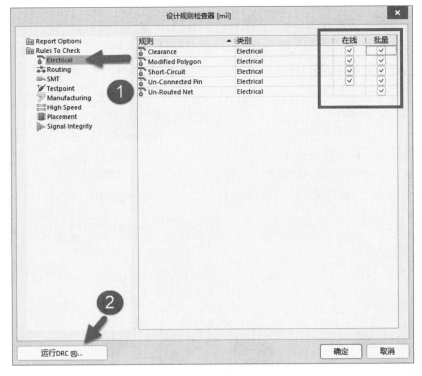

图 6-40　DRC 检查

6.11.2　器件位号及注释的调整

后期的器件装配需要用到 PCB 的装配图,所以 PCB 上器件的位号和注释都要统一调整,便于查看。为了调整时视觉上不过于杂乱,可按快捷键 L,在弹出的 View Configuration 面板中只显示丝印层和对应的阻焊层,调整原则如下:

(1) 焊盘、过孔不覆盖丝印。

(2) 保证字符的方向统一,一般采用从左到右、从下到上的方向,如图 6-41 所示。

图 6-41　位号调整

（3）常规字体尺寸有 4/20mil、5/25mil、6/30mil、6/45mil 等，具体的尺寸还需根据板子的空间和器件的密度灵活设置。

6.12 生产文件的输出

6.12.1 位号图输出

位号图输出的操作步骤如下：

（1）按上述要求进行位号调整。执行菜单栏中"文件"→"智能 PDF"命令，或按快捷键 F+M，在弹出的"智能 PDF"对话框中单击 Next 按钮，如图 6-42 所示。

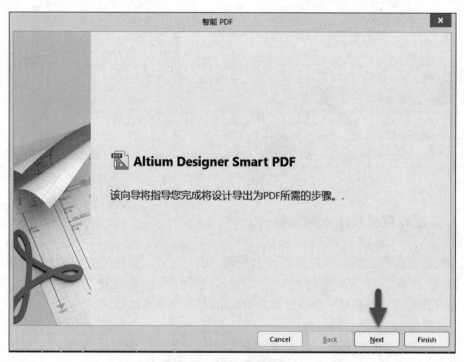

图 6-42 "智能 PDF"对话框

（2）输出的对象是 PCB 的位号图，则导出目标选择"当前文档"。在"输出文件名称"中可修改文件的名称和保存的路径。接着单击 Next 按钮，如图 6-43 所示。

（3）如图 6-44 所示，取消勾选"导出原材料的 BOM 表"选项，接着单击 Next 按钮。

（4）弹出"PCB 打印设置"对话框，在 Multilayer Composite Print 位置处右击，从弹出的快捷菜单中执行 Create Assembly Drawings 命令，如图 6-45 所示。弹出对话框效果如图 6-46 所示，可看到 Name 下面的选项有所改变。

（5）如图 6-47 所示，双击左侧 Top LayerAssembly Drawing 的白色图标，会弹出右侧的"打印输出特性"对话框，可以对 Top 层进行打印输出设置。在此对话框中的"层"选项中对要输出的层进行编辑，这里用户只需输出 Top Overlay 和 Keep-Out Layer 即可。注：只需输出丝印层和作为板框的层。

图 6-43 导出选择设置

图 6-44 不导出 BOM 表

图 6-45　"PCB打印设置"对话框

图 6-46　修改后的打印设置效果

图 6-47　打印输出特性配置

添加层时,在弹出的"板层属性"对话框中的"打印板层类型"下拉列表框中查找需要的层,单击"是"按钮,如图 6-48 所示。界面将回到"打印输出特性"对话框,单击 Close 按钮即可。

图 6-48　"板层属性"对话框

(6) 至此,对于 Top LayerAssembly Drawing 所输出的层设置如图 6-49 所示。

(7) Bottom LayerAssembly Drawing 的设置重复步骤(5)即可。

(8) 最终的设置如图 6-50 所示。然后单击 Next 按钮。注:底层装配必须勾选 Mirror 复选框。

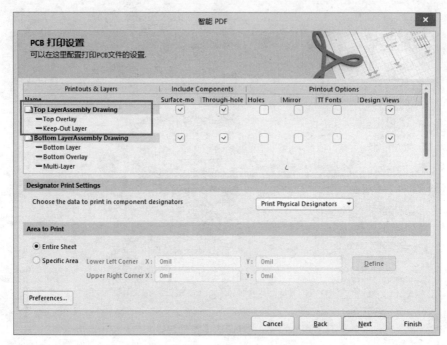

图 6-49　设置好的 Top LayerAssembly Drawing

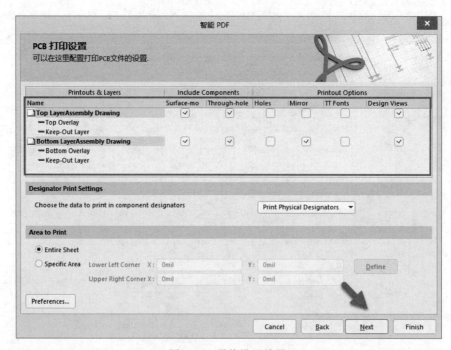

图 6-50　最终设置效果

(9) 弹出"添加打印设置"对话框,颜色效果选择"单色",然后单击 Next 按钮,如图 6-51 所示。

(10) 选择是否保存设置到 Output Job 文件,此处可保持默认,单击 Finish 按钮完成 PDF 文件的输出,如图 6-52 所示。

图 6-51 "添加打印设置"对话框

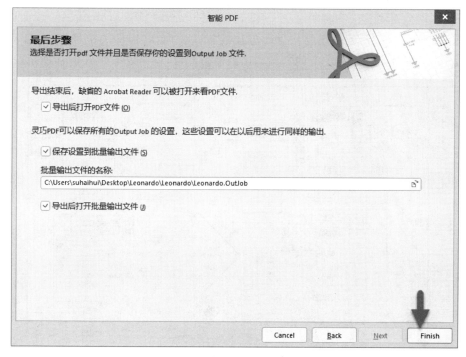

图 6-52 完成 PDF 文件输出

（11）最终输出如图 6-53 所示的元件位号图（此次演示案例底层没有元件，所以底层没有相应输出）。

图 6-53　位号图输出效果

6.12.2　阻值图输出

阻值图(元件注释)的输出与位号图输出的方式类似,将器件的位号隐藏,显示器件的 Comment 属性,按 6.12.1 节的方式输出阻值图即可,输出效果如图 6-54 所示。

图 6-54　阻值图输出效果

6.12.3 Gerber 文件输出

Gerber 文件是一种符合 EIA 标准,用于驱动光绘机的文件,该文件是把 PCB 中的布线数据转换为光绘机用于生产 1 : 1 高度胶片的光绘数据,能被光绘图机处理的文件格式。当使用 Altium Designer 绘制好 PCB 电路图文件之后,需要打样制作,但又不想提供给厂家工程文件,那么就可以直接生成 Gerber 文件,将生成的 Gerber 文件提供给 PCB 生产厂家就可以打样制作 PCB。

输出 Gerber 文件时,建议在工作区打开工程文件.PrjPCB,生成的相关文件会自动输出到 OutPut 文件夹中。输出操作步骤如下:

(1) 输出 Gerber 文件。

① 在 PCB 界面中,执行菜单栏中"文件"→"制造输出"→Gerber Files 命令,如图 6-55 所示。

图 6-55 执行 Gerber Files 命令

② 系统将弹出"Gerber 设置"对话框,Gerber 文件的"通用"标签设置如图 6-56 所示,单位选择"英寸",格式选择 2 : 4。

③ "层"标签中,在"绘制层"的下拉列表框中选择"选择使用的"选项,检查需要输出的层是否全部选中。在"镜像层"下拉列表框中选择"全部去掉"选项。同时勾选"包括未连接的中间层焊盘"复选框。输出设置如图 6-57 所示,输出层的选择如图 6-58 所示。

④ "钻孔图层"标签中选择所用到的钻孔,如图 6-59 所示,其他设置保持默认。

⑤ "光圈"标签中,选择 RS274X 格式,其他保持默认,如图 6-60 所示。

图 6-56　Gerber 文件通用设置

图 6-57　层的输出设置

图 6-58　层的选择

图 6-59　钻孔图层设置

图 6-60　光圈设置

⑥ "高级"标签中,胶片规则相应数值如图 6-61 所示,可在末尾增加一个"0",增加文件输出面积。其他设置保持默认即可,至此,Gerber 文件的设置结束,单击"确定"按钮。输出效果如图 6-62 所示。

图 6-61　高级选项设置

图 6-62　Gerber 文件输出预览

(2) 输出 NC Drill Files(钻孔文件)。

① 切换回 PCB 编辑界面,执行菜单栏中"文件"→"制造输出"→NC Drill Files 命令,进行过孔、安装孔和通孔焊盘的输出设置,如图 6-63 所示。

② "NC Drill 设置"对话框中,单位选择"英寸",格式选择 2:5,其他保持默认,单击"确定"按钮,如图 6-64 所示。

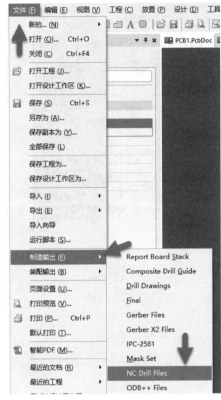

图 6-63 输出 NC Drill Files

图 6-64 "NC Drill 输出设置"对话框

③ 在弹出"导入钻孔数据"对话框中,直接单击"确定"按钮即可,如图 6-65 所示。输出效果如图 6-66 所示。

(3) 输出 Test Point Report(IPC 网表文件)。

① 切换回 PCB 编辑界面,执行菜单栏中"文件"→"制造输出"→Test Point Report 命令,进行 IPC 网表输出,如图 6-67 所示。

② 弹出 Fabrication Testpoint Setup 对话框,相应输出设置如图 6-68 所示。单击"确定"按钮后在弹出的对话框中直接单击"确定"按钮即可输出。

(4) 输出 Generates pick and place files(坐标文件)。

① 切换回 PCB 编辑界面,执行菜单栏中"文件"→"装配输出"→Generates pick and place files 命令,进行元件坐标输出,如图 6-69 所示。

图 6-65 "导入钻孔数据"对话框

图 6-66 钻孔文件输出效果

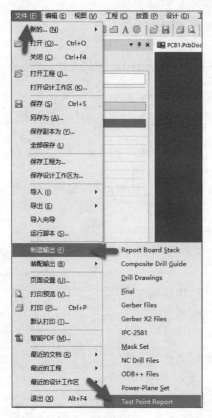

图 6-67 输出 Test Point Report 文件

图 6-68 IPC 网表文件输出设置

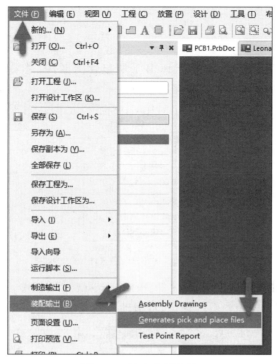

图 6-69　输出坐标文件

② 相应设置如图 6-70 所示。单击"确定"按钮即可输出坐标文件。

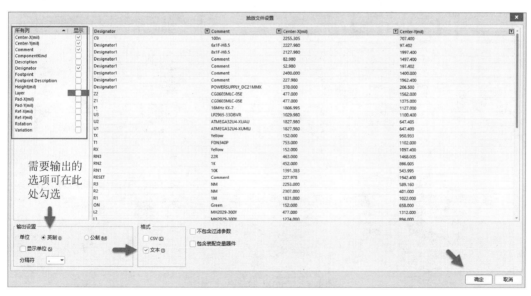

图 6-70　坐标文件输出设置

（5）至此，Gerber 文件输出完成，输出过程中产生的 3 个 .cam 文件可直接关闭不用保存。在工程目录下的 Project Outputs for… 文件中的文件即为 Gerber 文件。将其重命名，打包发给 PCB 生产厂商制作即可。

6.12.4 生成 BOM

BOM，即物料清单，用来表示整个 PCB 上所包含的器件，是采购原材料的关键。在 Altium Designer 中，生成 BOM 的步骤如下：

（1）执行菜单栏中"报告"→Bill of Materials 命令，如图 6-71 所示。

图 6-71　生成 BOM 的命令

（2）在弹出的 Bill of Materials for PCB Document 对话框中，进行如图 6-72 所示的操作。对话框左侧即为输出参数的预览，可拖动调整先后顺序。

图 6-72　BOM 输出的步骤

6.13　STM32 检查表

PCB 设计出来之后，或多或少都可能存在一些疏漏，PCB 检查表的建立，在后期的系统性检查中，极大地提高了工作效率和质量。STM32 检查表如表 6-1 所示。

表 6-1　STM32 检查表

检 查 项 目	序号	检 查 内 容	检查记录
封装和板框	1	确认边框尺寸、定位孔大小及位置	
	2	确认器件封装的准确性	
	3	器件封装管脚标识、极性标识、方向标识需注明	
	4	确认固定的外接接口及排针的位置	
布局	1	确保器件无冲突	
	2	确认时钟电路布局是否合理	
	3	去耦或滤波电容摆放靠近 IC 电源管脚	
	4	器件之间的间距是否合理	
	5	器件布局方向尽量为 0°或 90°,有极性的器件方向尽可能一致	
布线	1	尽量避免直角、锐角走线	
	2	以太网口、USB 等信号是否满足设计要求	
	3	电源流向是否正确	
	4	电源和地载流是否足够	
	5	过孔不能打在焊盘上	
	6	器件出线是否符合从中心或对角出线	
	7	贴片小器件(如 0402、0603 等)焊盘之间尽量不走线	
	8	空间允许的情况下,布线尽量遵循 3W 原则	
	9	尽量挖空尖岬铜皮	
	10	布通率是否为 100%,DRC 是否无问题	
丝印及输出文件	1	器件符号大小位置是否符合放置要求	
	2	器件符号是否和焊盘重叠	
	3	避免遮盖 IC 芯片的 1 脚位置	
	4	检查 Gerber 文件的正确性	

本章通过一个 4 层 MT6261 智能手表的实例,回顾整个 PCB 设计流程,并详细介绍 BGA 扇孔、埋盲孔等相关设置,让用户能初步了解埋盲孔板的相关处理。

学习目标:

- 了解智能手表的设计要求。
- 熟练掌握 4 层 PCB 的设计流程环节。
- 了解 BGA 及埋盲孔的相关设计。
- 掌握 PCB 设计后期处理和 Output job 输出生产文件的方法。

7.1 实例简介

MT6261 智能手表包含计步器、防走失、闹钟、日历、秒表、短信、WhatsApp、Twitter、Facebook、久坐提醒、计算器、睡眠监控等多种功能,并支持 BT 通话和 BT 音乐。

其核心处理器是 MT6261,是一种基于低功耗 CMOS 工艺的集成前沿电源管理单元、模拟基带和无线电电路的单片芯片,用于高端 GSM/GPRS 能力的单芯片解决方案。基于其 32 位 ARM7EJ-S TM RISC 处理器,MT6261 的卓越处理能力 TH 高带宽架构和专用硬件支持,为高性能 GPRS 12 级调制解调器应用和前沿多媒体应用提供了平台。

7.2 位号排列及添加封装

7.2.1 位号排列

绘制完原理图之后,需要给器件添加位号标注。其操作步骤如下:

(1) 执行菜单栏中“工具”→“标注”→“原理图标注”命令,打开“标注”对话框,如图 7-1 所示。“处理顺序”下拉列表框可调整位号先后顺序,“原理图页标注”选项卡用于选择需要进行位号标注的原理图,这两项一般保持默认即可。

图 7-1 "标注"对话框

（2）单击"更新更改列表"按钮，会弹出 Information 对话框，其中提示有多少个器件进行位号的标注，单击 OK 按钮，如图 7-1 所示。右侧的"建议值"将被标上序号，同时"接收更改（创建 ECO）"按钮被激活，如图 7-2 所示。

图 7-2 "标注"对话框的变化

（3）单击"接收更改（创建 ECO）"按钮，弹出"工程变更指令"对话框，如图 7-3 所示。单击"执行变更"按钮，在右侧"状态"栏中，"检测"和"完成"两项出现图标 ⊘ 时，代表标注完成，接着单击"关闭"按钮。然后会返回"标注"对话框，单击"关闭"按钮即可完成位号标注。

图 7-3　"工程变更指令"对话框

7.2.2　元件封装匹配

元件封装匹配操作步骤如下：

（1）在原理图编辑界面中，执行菜单栏中"工具"→"封装管理器"命令，弹出 Footprint Manager 对话框，在对话框左侧可查看所有器件的各种信息，右侧可对元件的封装进行添加、移除和编辑等操作，使原理图元件与封装库中的封装能够一一匹配，如图 7-4 所示。

图 7-4　Footprint Manager 对话框

（2）观察图7-4左侧的Current Footprint一栏，确定已给全部元件选择好封装后，单击"接受变化（创建ECO）"按钮，在弹出的"工程变更指令"对话框中，单击"执行变更"按钮，查看状态栏全部成功后，即可完成封装的匹配。

7.3 原理图编译、查错

添加位号和封装后，需要对原理图进行编译，检查整个原理图有无电气连接等常规性错误。执行菜单栏中"工程"→Compile PCB Project Z15-MB-V1.0.PrjPcb命令，或按快捷键C+C，如图7-5所示。

原理图编译完成后，可以在原理图编辑界面右下角单击Panels按钮，然后单击Messages查看编译结果，如图7-6所示。若显示Compile successful，no errors found，则表示原理图没有电气性质的错误，可以继续下一步的操作。若有错误，需双击错误提示，跳转到相应的报错区域，进行原理图的修改，直到无错误或错误可忽略为止。

图7-5 编译工程命令　　　　　　　　图7-6 Panels面板

7.4 PCB网表的导入

在确认原理图编译无误及封装匹配完成后，可将原理图导入PCB中，即导入网络表。

（1）执行菜单栏中"设计"→Update PCB Document Z15-MB-V1.0.PcbDoc命令，或按快捷键D+U，如图7-7所示。

（2）在弹出的"工程变更指令"对话框中，单击"执行变更"按钮，通过对话框右侧的状态栏可查看导入状态，"✔"表示导入成功，"✖"表示导入过程存在错误，如图7-8所示。若存在错误，需双击报错提示，跳转到相应原理图区域进行修改。

图7-7 导入网络表

图 7-8　"工程变更指令"对话框

7.5　PCB 框的导入及定义

　　网络表导入后,即可确定板子边框和结构。智能手表的板框相对比较复杂,若是使用 Altium Designer 19"放置"工具栏中的元素绘制,花费的时间会比较多。为提高效率,可借助 AutoCAD 来导入板框。

　　导入板框的操作步骤如下:

　　(1) 在 PCB 中导入板框。执行菜单栏中"文件"→"导入"→DXF/DWG 命令,如图 7-9 所示。

　　选择 DWG 文件,单击"打开"按钮,如图 7-10 所示。

　　(2) 在弹出的"从 AutoCAD 导入"对话框中,通过 Size 大致判断使用哪个单位,单击"选择"按钮,如图 7-11 所示。将光标移动到想要导入边框所在的 PCB 位置,然后单击,再次回到"从 AutoCAD 导入"对话框单击"确定"按钮,即可导入 DWG 文件。然后弹出 Information 对话框,如图 7-12 所示,表示文件导入成功,单击 OK 按钮,可看到导入的板框。

　　(3) 选中外边框,按快捷键 D+S+D,即可定义板框,如图 7-13 所示。

　　(4) 智能手表器件结构如图 7-14 所示。

图 7-9　导入命令

图 7-10　选择 DWG 文件

图 7-11　导入操作

图 7-12　Information 对话框

图 7-13　定义板框

图 7-14　智能手表结构

7.6 PCB 叠层设置

MT6261 智能手表根据其走线密度，可使用 4 层板设计，叠层添加步骤如下：

（1）执行菜单栏中"设计"→"层叠管理器"命令，或按快捷键 D＋K，进入层叠管理器。选择在 Top Layer 下方添加两个层，则将光标移到 Top Layer 处，右击，从弹出的快捷菜单中执行 Insert layer below→Signal 命令，如图 7-15 所示。依次添加两次，即可得到 4 层板。

（2）修改层名称，在 Name 栏中，找到添加的层所对应的文本框，双击进行 Name 的修改。最终叠层效果如 7-16 所示，SIN2、SIN3 为修改后的层名称。

图 7-15 添加层

图 7-16 4 层板最终叠层效果

7.7 阻抗控制要求

智能手表中，需要进行阻抗控制的信号如下：

（1）WiFi 信号需控制 50Ω 阻抗，隔层参考。

（2）Flash、LCM 单端信号控制 50Ω 阻抗。

（3）USB 差分线控制 90Ω。

阻抗计算过程如下：

（1）按快捷键 D＋K，进入层叠管理器，单击管理器下方的 Impedance 按钮，在右侧单击 Add Impedance Profile 按钮添加阻抗配置文件，并调整参考平面，如图 7-17 所示。

图 7-17 阻抗配置文件的添加

在配置文件中可以发现 GND 平面也被激活,可以进行计算,这是因为此案例将 GND 平面以正片的形式表现。只要将不需要进行阻抗计算的层前面的复选框取消勾选即可,调整之后的文件如图 7-18 所示。

图 7-18　阻抗配置文件调整

(2) 50Ω 单端信号的阻抗计算。

① 单击,选中要计算的信号层,在 Properties 面板的 Impedance Profile 选项组和 Transmission Line 选项组中进行阻抗计算及查看。如图 7-19 所示,计算 TOP 层单端信号的阻抗。在 Etch Factor 文本框中输入数据,按 Enter 键,即可算出走线宽度。

② 依照图 7-19 的设置,计算第 3 层高速单端信号对应的线宽,最终得到的 Single_50 阻抗配置文件如图 7-20 所示。

图 7-19　顶层单端信号的计算

图 7-20　Single_50 阻抗配置文件

(3) 90Ω 差分信号的阻抗计算。

① 单击按钮 ，添加新的配置文件,将其命名为 Differentil_90。选择需要进行计算的信号层,在 Impedance Profile 选项组和 Transmission Line 选项组中进行设置及查看。如图 7-21 所示,进行 TOP 层 90Ω 差分信号的阻抗计算。

② 根据信号线宽与阻抗的反比关系、线距与阻抗的正比关系，对线宽线距的大小进行调整，调整后的结果如图 7-22 所示。

图 7-21　TOP 层差分信号的计算　　　　图 7-22　调整后的线宽线距取值

③ 依照上述设置，计算第 3 层差分信号对应的线宽，最终得到 Differentil_90 阻抗配置文件如图 7-23 所示。

图 7-23　Differentil_90 阻抗配置文件

（4）同理计算得到 Differentil_100 阻抗配置文件如图 7-24 所示。

图 7-24　Differentil_100 阻抗配置文件

(5) 智能手表项目中,各信号层对应阻抗的线宽线距如表 7-1 所示。

表 7-1 阻抗设计要求

Layer	参考层	单端 50/Ω	差分 100/Ω		差分 90/Ω	
		线宽/mil	线宽/mil	间距/mil	线宽/mil	间距/mil
TOP	L2	8	6.5	7	8	6
L3	L2/L4	5	4.5	9	4.3	6

7.8 电路模块化设计

7.8.1 CPU 核心

MMT6261 处理器的特点如下:

(1) 采用高性能的 DMA(Direct Memory Access),加快大量数据的传输速率。

(2) 可支持不同工作频率的串行闪存接口。

(3) 可支持 UART、USB1.1FS、SDIO1.1、SD2.0、2 个 SIM 卡接口,灵活实现高端设计方案。

(4) 集成一个混合信号基带前端,以提供一个良好的无线接口。

(5) 集成高功率 K 类扬声器放大器,实现更好的音频性能。同时支持 FR/HR/EFR/AMR 语音编解码器。

(6) 支持丰富的蓝牙配置文件和手机上使用广泛的应用程序,具有良好的互操作性。

7.8.2 PMU 模块

MT6261 通过锂电池供电,集成了 12 路 LDO 用于内存卡、LCM、蓝牙、RF 等其他电路模块供电,并同时具有热过载保护、低压锁定保护和过压保护的功能。

按下电源键 PWRKEY 后,电源启动顺序为 VBAT→VCORE→VIO18→VIO28→VSF→VA→VUSB→VRF。每路 LDO 的 ESD 器件和去耦电容应靠近芯片摆放。

7.8.3 Charger 模块

Charger 充电模块如图 7-25 所示,VCHG 通过功率三极管 PT236T30E2、肖基特二极管 D101、电流检测电阻 R6 连接到 VBAT,组成充电回路。

Layout 的注意事项如下:

(1) CHR_LDO 的去耦电容 C15 靠近 IC 摆放。

(2) 电流检测电阻 R6 靠近电池连接座摆放。

(3) 检测电阻 R6 两端的 ISENSE 和 VBAT 在走线时尽量保持线宽、线长相同,保证电压检测的准确性,如图 7-26 所示。

图 7-25 充电电路

图 7-26 ISENSE 和 VBAT 的走线情况

（4）充电电流分配情况如图 7-25 粗线所示，走线建议加粗至 40mil 以上，或者使用大面积铺铜，如图 7-27 所示。

图 7-27　充电路径铺铜处理

7.8.4　WIFI 5931 模块

MT5931 是一款高度整合式系统单芯片,提供了比较便捷的连接功能,功耗要求低、尺寸封装小,大幅减少布局面积,为轻薄短小的可穿戴设备提供了较好的无线解决方案。WiFi 信号易受干扰,在布局时应考虑远离干扰源。建议 Layout 时注意以下事项:

(1) 晶振电路靠近 MT5931 芯片的晶振管脚摆放,保证走线越短越好,如图 7-28 所示。

(2) MT5931 相关电源的滤波电容需靠近管脚放置,且接地端需就近可靠接地。同时尽量保证电源信号先经滤波电容再到电源管脚。

(3) VBAT、PALDO、SMPSLDO 和 CLDO 走线宽度至少 10mil。

(4) PALDO_FB 和 OUT_FB信号走线宽度可为 4mil。

(5) Pin B1 不可直接连到地平面,应连接到 C5106 和 C5109 的接地端,然后再连接到其他管脚地平面或 GND 层,如图 7-29 所示。

(6) Pin B3 不可直接连到地平面,应连接到 C5107 的接地端,然后再连接到其他管脚地平面或 GND 层,如图 7-30 所示。

图 7-28　晶振放置情况

图 7-29　Pin B1 到地的连接

图 7-30　Pin B3 到地的连接

（7）RF 信号需控制 50Ω 阻抗。

（8）避免其他信号从 RF 信号下穿过，即尽可能保证 RF 信号在所有层的净空。

7.8.5　Speaker/Mic 模块

Speaker 和 Mic 模块起到对声音播放和录入的作用，同属模拟信号。在进行 Layout 时，SPK_OUTP、SPK_OUTN 和 MICP0、MICN0 这两组信号需进行差分走线，线宽加粗到 8～12mil，并进行包地处理，立体包地最好。

MICBIAS0 为 MIC 的偏置电压，布局时偏置阻容器件靠近主控 IC 摆放，如图 7-31 所示。走线时，最好加粗到 12mil 以上。

图 7-31　Mic 偏置电路的布局布线

7.8.6 马达模块

马达模块可实现智能手表的震动,将信号 VIBR 连接到 CPU 的 GPIO 口,通过电平高低来控制马达的震动与停止,建议走线加粗到 10mil。

7.8.7 LCM 模块

LCM 是智能手表的显示部分,其信号与 CPU 直接连接。Layout 时,LCM 模块的走线尽量少换层,避免阻抗的不连续性。尽可能同层平行走线,在空间允许的情况下,满足 3W 规则。若使用的屏分辨率较高,需进行等长操作。

电源 VIO18 和 VIO28,走线宽度尽量在 10mil 以上,背光电源 VBAT 的线宽建议加粗到 15mil 以上。

7.8.8 G-Sensor 模块

G-Sensor,即重力感应传感器,用于检测加速度的方向和大小,相当于检测到智能手表的运动状态,屏幕会自动旋转。G-Sensor 可放置在板子偏中心的位置,过于靠近板边可能会影响其灵敏性。

7.8.9 USB 模块

USB 接口既可以作为充电电路的输入电源,也可以进行外部设备与智能手表之间的连接及通信,其电路结构如图 7-32 所示。

图 7-32　USB 电路

USB_DM、USB_DP 在布线时选择临近地平面的信号层进行差分走线,需包地处理,结合整板的结构与布局,尽量控制走线越短越好。DM 和 DP 两个信号之间长度误差控制在 5mil 以内,控制 90Ω 的阻抗。

7.8.10　Flash 模块

MT6261 仅支持单个 Serial Flash,在进行电路设计时,根据 Serial Flash 接口表来连接各管脚,如表 7-2 所示。

表 7-2　MT6261 和 Serial Flash 的管脚对应

	MT6261	Serial Flash
接口对应	SFSOUT	SQI_DI
	SFCS0	SQI_CS♯
	SFSIN	SQI_DO
	SFSCK	SQI_CLK
	SFHOLD	SQI_HOLD
	SFSWP	SQI_WP♯

布局时,Flash 应尽可能靠近 MT6261 放置,C19 必须尽可能靠近 Flash 放置,C3 必须尽可能靠近 MT6261 放置,原理图如 7-33 所示。

图 7-33　Flash 电路中的滤波电容

布线时,Flash 的信号尽量选择临近地平面的信号层同层平行布线,其中时钟信号最好进行包地处理。空间允许的情况下,所有线间距满足 3W 规则。最好进行等长处理,长度误差保持在 100～200mil 内,提高 Flash 的稳定性。

7.9　PCB 整板模块化布局

在进行整体布局之前，先弄清项目的结构要求，把需要固定的器件及接口放好，并确定 CPU 的位置。根据图 7-14 结构图所示，放置固定器件之后如图 7-34 所示。然后根据"就近集中"与"先难后易"原则，对模块电路进行整体布局。

图 7-34　放置的固定器件

7.10　PCB 布线

布线是整个 PCB 设计的重要步骤，关系到信号质量的好坏。在满足电气性能的要求下，走线尽量整齐划一，避免交错杂乱。

7.10.1　常见规则、Class、差分对的添加与设置

（1）规则设置。按快捷键 D＋R，进入"PCB 规则及约束编辑器"对话框，对常规的线宽、间距、过孔尺寸、铺铜连接进行相应设置。

本例可设置最小线宽和安全间距为 4mil，盲孔尺寸为 4/12mil，埋孔尺寸为 10/18mil，铜皮的连接方式为全连接。

（2）设置 Class，方便信号的快速识别及划分。按快捷键 D＋C，进入"对象类浏览器"对话框，建立网络类，如图 7-35 所示。在"非成员"列表栏中找到相应的网络，单击 ▶ 按

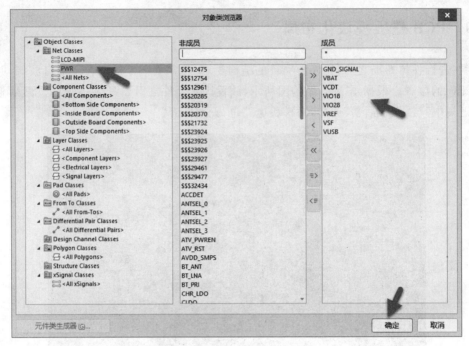

图 7-35　创建网络类

钮,将选中的网络移动到"成员"栏中。

（3）添加差分对。差分对添加有两种方式,一种在原理图中添加,另一种在 PCB 中添加。

① 原理图中添加差分对,执行菜单栏中"放置"→"指示"→"差分对"命令,将差分对指示放到线上,同时网络名后缀须设为_n_p,如图 7-36 所示。将原理图导入 PCB,即可在 PCB 编辑界面中走差分信号。

② PCB 添加差分对。单击 PCB 编辑界面中的 Panels 按钮,选择 PCB 选项,在 PCB 面板中切换到 Differential Pairs Editor,如图 7-37 所示。可通过单击"添加"按钮手动设置,也可通过单击"从网络创建"按钮,自动筛选差分对进行设置。

图 7-36　原理图设置差分对

图 7-37　差分对设置

7.10.2 埋盲孔的设置及添加方法

（1）埋盲孔的定义

① 埋孔（Buried Vias）：埋孔是只连接内层之间走线的过孔类型，无法通过PCB表面查看。

② 盲孔（Blind Vias）：盲孔是将PCB内层走线与PCB表层走线相连的过孔类型，此孔不穿透整个板子。如图7-38所示，Blind1：2为盲孔，Buried2：3为埋孔。

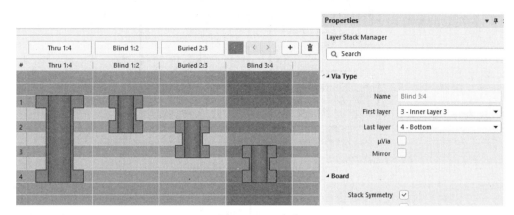

图 7-38　埋盲孔

（2）埋盲孔的设置

按快捷键D+K，进入层叠管理器，单击左下角的Via Types按钮，即可打开"过孔类型"对话框，单击按钮 ✛ 添加需要的过孔类型。根据实际需要，通过Properties面板中的Via Type选项组进行孔的设置。本例使用一阶埋盲孔，如图7-38所示。

7.10.3 BGA扇孔处理

本例中，BGA两焊盘中心间距是0.5mm，边缘间距9mil，而目前主流的PCB制板工艺水平最小线宽和线间距为4mil，过孔尺寸为0.2/0.4mm。采用常规方式扇出并进行连线很难做到，所以采用埋盲孔技术，在BGA焊盘上打盲孔到第二层，然后使用埋孔将线连至第三层进行整板布线。

7.10.4 整体布线规划及电源处理

布线时先走短线，即模块之内的连线，再走信号长线。顶层和第二层用于BGA的出线处理，将第3层作为主要的布线层。布线过程中，尽可能满足布线基本原则，包括控制走线方向及长度，注意走线拐角角度，差分走线、关键信号包地处理等。

本例电源载流相对较小，保证主要供电路径1A以上电流即可，其他电源线宽度尽量保持在15mil左右即可，可在信号层进行连接处理。

7.10.5　走线优化

整板布线连通后,需对走线进行优化调整,提高性能的可靠性。针对案例,给出一些常见优化走线的建议。

(1) 走线 3W 原则,拉开走线间距,满足 3 倍线宽,以减少线间串扰。

(2) 信号线与其回路构成的环面积要尽可能小,如图 7-39 所示。

图 7-39　减少走线环面积

(3) 检查走线的开环,即是否存在多余的线头。应尽量避免走线线头,以减少不必要的辐射干扰与接收;检查走线闭环,即在多层板中,信号在不同层之间出现自环的情况,会产生辐射干扰。

(4) 精简走线,针对绕线较多的走线进行优化缩短。信号线上过孔较多的,考虑减少过孔数量,达到优化的目的。

(5) 放置回流地过孔,信号换层处及空白区域放置地过孔,可吸收一些干扰,同时缩短信号的回流路径。

7.11　PCB 的后期处理

整板布线优化后,考虑后续生产环节的需求,需要进行一些后期处理。

7.11.1　铺铜及修铜的处理

铺铜及修铜的步骤如下:

(1) 按快捷键 P+G,光标会变为十字形状,然后按 Tab 键,打开"铺铜属性"编辑对话框,选择 Hatched(Tracks/Ares)动态铺铜方式(铺铜方式可根据自身需求选择),并且设置铺铜属性,如图 7-40 所示。

(2) 设置相关属性后,按 Enter 键,沿着板框画出闭合的外框,之后右击,即可自动生成铺铜。

(3) 铺铜完成之后,板中可能会存在尖岬铜皮,如图 7-41 所示。尖岬铜皮会对信号产生一定的干扰,可放置"多边形铺铜挖空"将其挖空。

图 7-40 "铺铜属性"对话框

图 7-41 尖岬铜皮

7.11.2 整板 DRC 检查处理

DRC 检查,用来检查整板 PCB 布局布线与用户设置的规则约束是否一致,是 PCB 设计正确性和完整性的重要保证,也是设计后期必须进行的步骤。

按快捷键 T+D 进入设计规则检查器,进行 DRC 检查时,并不需要检查所有的规则设置,只检查用户需要比对的规则即可。常规的检查包括间距、开路及短路等电气类检查,即 Electrical 项,如图 7-42 所示。其他检查项可根据实际需要关闭或开启。

图 7-42 设计规则检查器

7.11.3　丝印的调整

为方便丝印调整,只需显示丝印层和对应阻焊层即可,调整过程中,注意其基本要求,即丝印不能被覆盖、显示清晰、方向统一的要求,局部丝印调整如图 7-43 所示。

图 7-43　丝印调整

7.12　Output job 输出生产文件

采用 Output job 文件来定义和存储 Altium Designer 任一项目所需要和关联的文档是一个高效且强大的功能。文件输出步骤如下:

(1) 添加一个 Output job 文件。执行菜单栏中“文件”→“新的”→“Output job 文件”命令,新建的 Output job 文件会自动添加到工程项目 Settings→Output Job Files 子文件中,如图 7-44 所示。

(2) 将输出内容添加到 Output job。单击类别底部相应的“[Add New Assembly Output]”文本,在弹出的快捷菜单中选择所需的输出类型,添加所需类型的新输出。添加装配文件如图 7-45 所示。

(3) 装配文件添加完成后,将其重命名,可命名为“位号图”,如图 7-46 所示。

(4) 依照上述方式,分别添加需要的文件,如图 7-47 所示。

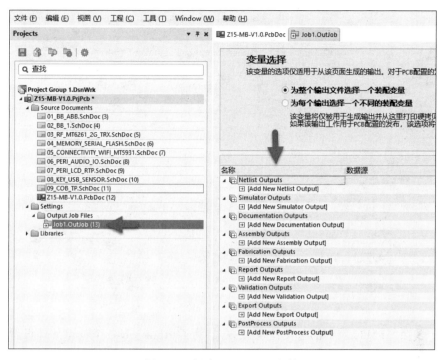

图 7-44　新建 Output job 文件

图 7-45　添加装配文件

图 7-46　重命名文件

图 7-47　添加所需的输出文件

（5）设置输出内容。对输出的内容进行配置，也就是输出参数的设置，双击输出内容打开"BOM 设置"对话框，如图 7-48 所示，以 BOM 为例。

图 7-48　BOM 参数设置

（6）按照 STM32 案例的各文件设置方式，为 Output job 各个输出文件设置输出内容，即设置参数。

（7）根据输出文件的类型选择相应的输出容器。例如阻值图、位号图选择 PDF，Gerber 相关文件选择 Folder Structure。在左侧选择输出文件，右侧选择相应的输出容器，即可如图 7-49 所示，形成关联关系。

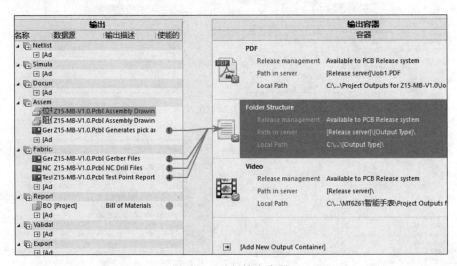

图 7-49　选择输出容器

（8）为了不让 BOM 和 Gerber 相关文件输出到同一个文件中，可新添加一个 Folder Structure 输出容器，如图 7-50 所示。并将 BOM 与其建立关联，如图 7-51 所示。

（9）设置输出容器的路径、容器类型文件夹、输出文件夹/输出文件名等参数。

① 选择一个输出容器，这里以 Gerber 关联的 Folder Structure 为例，单击"输出容器"对话框中的"改变"按钮，进入 Folder Structure settings 对话框，如图 7-52 所示。

图 7-50 添加新的输出容器

图 7-51 为 BOM 选择输出容器

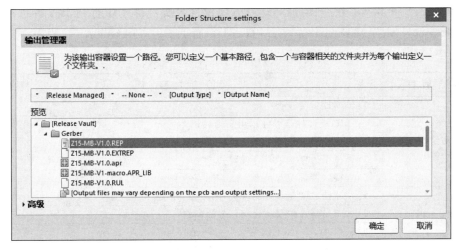

图 7-52 Folder Structure settings 对话框

② 单击[Release Managed],可设置输出路径。其中"发布管理"选项是默认的基本路径,可以切换到"手动管理"选项来设置输出路径。此处案例保持默认。

③ None 按钮,在此处可以设置生成的容器类型定义子文件夹。它可以由系统命名,也可由用户自定义名称。案例中此处可以保持默认,即选择 Do not include any container folder。

④ 输出文件夹/输出文件名,为其指定输出位置的输出容器类型。在默认情况下,生成容器中的多个输出将整理到单个文件中,但设计器可以根据需要为每个输出生成单独的文件。案例中依然保持默认选项。

其他的输出容器可自行选择是否设置相关参数。

(10) 输出生成内容。单击各个输出容器中的"生成内容"按钮,即可将输出内容输出到指定的路径下。若是没有更改输出路径,输出的内容将保存在工程文件路径下的 Project Outputs for... 文件夹中,如图 7-53 所示。

图 7-53 生成内容

7.13 MT6261 智能手表检查表

PCB 设计过程中需要考虑的因素比较多,设计人员可能会漏掉一些而导致设计的失误,因此需要一个相对系统全面的检查表,方便设计人员对所设计的 PCB 文件进行对照检查,减少设计问题,提高设计效率。MT6261 智能手表检查内容如表 7-3 所示。

表 7-3 MT6261 智能手表检查表

检 查 项 目	序号	检 查 内 容	检查记录
封装与结构	1	器件封装是否正确	
	2	IC 类器件是否标示出 1 脚标识 极性器件是否有正负极标识	
	3	板子边框是否符合设计要求	
	4	接口器件位置是否与结构图对应	
PCB 设计	1	器件之间是否存在冲突,间距是否合理	
	2	布局是否按模块化与信号流向进行	
	3	JTAG、UART 的测试点必须保留	
	4	Serial Flash 摆放位置尽量靠近 CPU	

检 查 项 目	序号	检 查 内 容	检查记录
PCB 设计	5	Serial Flash 信号走线尽量在一个层内走完,临近地平面	
	6	MIC 与 SPK 信号要走差分走线,加粗、包地处理	
	7	LCM 旁路电容要靠近 LCM 摆放,并确保电源先经过电容再到电源管脚	
	8	LCM 的正极背光电源,走线线宽>6mil	
	9	LCM 信号在空间允许的情况下,尽量走在同一层,并在走线左右进行整组信号的包地	
	10	充电线路不要和其他信号走线平行	
	11	VCORE、VA、VREF 和 VCAMA 信号走线>8mil	
	12	所有电源的滤波电容尽量靠近 PIN 脚,并良好接地	
	13	避免 MT6261 下方的地平面有分割,尤其是第 2 层	
	14	参考时钟信号 FREF_26M_ATV(B6 脚)周边严格包地,并尽量远离晶振输入脚 A3\A4	
	15	RF 走线尽可能短,下方所有层不能走其他信号线；如果要走其他信号线,中间至少间隔 2 层地平面	
	16	RF 信号阻抗控制在 50Ω,多层板中可通过隔层参考以增加走线宽度	
设计后期	1	RDC 是否完全通过	
	2	相同网络的盲孔和埋孔是否重叠	
	3	检查 Gerber 文件的正确性	

PCB总体设计流程万变不离其宗，本章通过一个6层全志A64平板电脑的设计实例，帮助用户进一步巩固和深入前面所学知识。

学习目标：

- 了解平板电脑的设计要求。
- 熟练掌握多层PCB的设计流程环节。
- 了解平板电脑各个模块布局和布线的要点。
- 掌握使用Draftsman功能输出装配文件的方法。

8.1 实例简介

A64是全志科技于2015年初发布的4核64位处理器，主要应用于入门级的平板电脑。其主要规格包含以下几点：

（1）采用64位四核Cortex-A53 CPU架构，系统整体性能进一步提升。

（2）具有Mali400MP2 GPU图形处理器，可实现H.265/H.264视频硬件解码和4K HDMI显示输出，能给用户带来更震撼的多媒体视听体验。

（3）支持各种DRAM内存，最大支持到3GB内存空间。

（4）支持eMMC 5.0接口，提供更强的IO性能及更快的数据吞吐。

（5）采用全志独有的丽色系统2.0显示技术，带给用户更生动更逼真的画面显示效果。

（6）支持安卓5.1操作系统。

与同系列的32位平板处理相比，A64方案在系统反应速度/性能/功耗等方面都有改善，同时价格相对较低，具有较高性价比。

本例是A64方案平板电脑的主板，涉及的模块大致有LPDD3模块、HDMI模块、USB模块、WIFI-BT模块、LCM模块、Flash模块、摄像头模块、DC模块、TF模块、音频模块等，系统整体功能框架如图8-1所示。

图 8-1 系统功能框图

8.2 板框及叠层设计

8.2.1 板框导入及定义

为了契合产品的外壳，PCB 的板框需严格根据结构图生成。执行菜单栏中"文件"→"导入"→DXF/DWG 命令，选择 DXF 文件，按图 8-2 所示进行设置。

图 8-2 导入设置

单击"确定"按钮后,即可得到如图 8-3 所示的结构框图。然后选中闭合的外边框,按快捷键 D+S+D,即可得到板框。

图 8-3　平板结构图

8.2.2　叠层结构的确定

考虑走线密度和信号稳定性,同时为了保证产品的良好性能,建议使用 6 层板进行设计。其叠层压合结构如图 8-4 所示。

📄 A64_ZB77_V1.0.PcbDoc *		📄 A64_ZB77_V1.0.PcbDoc [Stackup] *				
Name	Material	Type	Weight	Thickness	Dk	
Silkscreen Top		Overlay				
Solder Mask Top	SM-001	Solder Mask		1mil	4	
Top		Signal	1/2oz	0.7mil		
Dielectric1	PP-009	Prepreg		3.2mil	4.2	
GND02		Signal	1oz	1.4mil		
Dielectric 3	Core-036	Core		4mil	4.2	
SIN03		Signal	1oz	1.4mil		
Dielectric 4	PP-011	Prepreg		15mil	4.5	
PWR04	CF-004	Signal	1oz	1.4mil		
Dielectric 5	Core-036	Core		4mil	4.2	
GND05		Signal	1oz	1.4mil		
Dielectric 2	PP-009	Prepreg		3.2mil	4.2	
Bottom		Signal	1/2oz	0.7mil		
Solder Mask Bo...	Solder Resist	Solder Mask		1mil	4	
Silkscreen Bott...		Overlay				

图 8-4　A64 叠层压合结构

8.3 阻抗控制要求

本例中有 3 种高速信号需控制阻抗：① 控制 50Ω 阻抗的信号：DDR 单端信号、Flash、摄像头、CTP、Wifi。② 控制 90Ω 阻抗的信号：USB 差分。③ 控制 100Ω 阻抗的信号：DDR 差分、HDMI 差分、LCM 差分。

阻抗计算过程如下：

（1）按快捷键 D+K，进入层叠管理器，单击下方的 Impedance 按钮，然后在右侧单击 Add Impedance Profile 按钮添加阻抗配置文件，并调整参考平面，如图 8-5 所示。

	Top Ref	Bottom Ref	Width	Etch	Z	Z Dev...	Tp
☑		2 — GND02	4.956mil	Inf	49.9921	0.016%	6.268…
☐	1 — Top	3 — SIN03	1.386mil	Inf		0.018%	
☑	2 — GND02	4 — PWR04	3.865mil	Inf	49.9872	0.026%	6.944…
☐	3 — SIN03	5 — GND05	3.865mil	Inf		0.026%	
☐	4 — PWR04	6 — Bottom	1.386mil	Inf		0.018%	
☑	5 — GND05		4.956mil	Inf	49.9942	0.012%	6.267…

图 8-5 添加的阻抗配置文件

（2）50Ω 单端信号的阻抗计算。

① 选择要计算的信号层，在 Properties 面板中的 Impedance Profile 选项组和 Transmission Line 选项组进行阻抗计算及查看。如图 8-6 所示，计算顶层单端信号的阻抗。

② 依照上述设置，计算第 3 层和底层高速单端信号对应的线宽，最终得到的 Single_50 阻抗配置文件如图 8-7 所示。

图 8-6 顶层单端信号的计算设置

S50 (Single_50)	D100 (Differentil_1	D90 (Differentil_90	+	🗑

	Top Ref	Bottom Ref	Width	Etch	Z	Z Dev...	Tp
☑		2 — GND02	5.2mil	2.5	49.7364	0.527%	6.271…
☐	1 — Top	3 — SIN03	3.974mil	Inf		0.002%	
☑	2 — GND02	4 — PWR04	4.5mil	2.5	48.9142	2.172%	6.94n…
☐	3 — SIN03	5 — GND05	4.035mil	Inf		0.007%	
☐	4 — PWR04	6 — Bottom	3.974mil	Inf		0.002%	
☑	5 — GND05		5.2mil	2.5	49.7384	0.523%	6.270…

图 8-7 Single_50 阻抗配置文件

（3）100Ω差分信号的阻抗计算。

① 单击按钮 ＋ ，添加新的配置文件，命名为 Differentil_100。选择要计算的信号层，在 Impedance Profile 选项组和 Transmission Line 选项组进行设置及查看。如图 8-8 所示，计算顶层100Ω差分信号的阻抗。

② 根据线宽与阻抗的反比关系、线距与阻抗的正比关系，对线宽线距进行调整，调整后的结果如图 8-9 所示。

图 8-8　顶层差分信号的计算设置

图 8-9　调整后的线宽线距取值

③ 依照上述设置，计算第 3 层和底层差分信号对应的线宽，最终得到的 Differentil_100 阻抗配置文件如图 8-10 所示。

	Top Ref	Bottom Ref	Width	Etch	Gap	Z	Z Dev...	Tp
✓		2 – GND02	4.5mil	2.5	8mil	99.3375	0.662%	6.140...
	1 – Top	3 – SIN03	1.594mil	Inf	5mil		0.042%	
✓	2 – GND02	4 – PWR04	4mil	2.5	8mil	93.2915	6.708%	6.956...
	3 – SIN03	5 – GND05	1.625mil	Inf	5mil		0.04%	
	4 – PWR04	6 – Bottom	1.594mil	Inf	5mil		0.042%	
✓	5 – GND05		4.5mil	2.5	8mil	99.3429	0.657%	6.140...

图 8-10　Differentil_100 阻抗配置文件

（4）计算得到的 Differentil_90 阻抗配置文件如图 8-11 所示。

图 8-11　Differentil_90 阻抗配置文件

（5）A64 项目中，各层中对应阻抗的线宽线距如表 8-1 所示。

表 8-1　阻抗设计要求

Layer	参考层	单端 50/Ω	差分 100/Ω		差分 90/Ω	
		线宽/mil	线宽/mil	间距/mil	线宽/mil	间距/mil
TOP	L2	5.2	4.5	8	5.5	7
L3	L2/L4	4.5	4	8	4.5	8
BOTTOM	L5	5.2	4.5	8	5.5	7

8.4　电路模块化设计

通过对原理图的大致分析，进行电路的总体了解，划分功能模块，明确信号流向，有利于在布局布线过程中规避一些错误设计。

8.4.1　LPDDR3 模块

LPDDR3 是低电压版的 DDR3，其运行电压与 DDR3 的 1.5V 相比，降到了 1.35V。在性能和负载相同的情况下相比 DDR3，功耗可降低 15% 或者更多，适用于移动式电子产品。

若有全志提供的 Layout 模板，建议复用到设计中，以确保 LPDDR3 的速率和稳定性。如果没有相应模板，或者因结构空间限制无法复用，可参照以下建议进行设计。

1. LPDDR3 的布局

基于 LPDDR3 性能的考虑，布局时靠近 CPU 摆放，与 CPU 中心对齐，预留等长的空间，如图 8-12 所示。每个电源管脚的滤波电容，尽可能靠近管脚摆放，一般摆放到器件背面。

2. LPDDR3 的布线

（1）信号分类

LPDDR3 走线需要进行分组等长，所以需要先进行分类。双通道 LPDDR3 分类方式如下：

① 数据组：包括 32 根数据线（SDQ0～SDQ31）4 根数据掩码（SDQM0～SDQM3），4 对数据锁存差分信号（SDQS0P/SDQS0N～SDQS3P/SDQS3N）共 44 根线，可分为 4 组，每组 11 根线：

- D0：SDQ0 ～ SDQ7、SDQM0、SDQS0P/SDQS0N
- D1：SDQ8 ～ SDQ15、SDQM1、SDQS1P/SDQS1N
- D2：SDQ16 ～ SDQ23、SDQM2、SDQS2P/SDQS2N
- D3：SDQ24 ～ SDQ31、SDQM3、SDQS3P/SDQS3N

② 地址组：包含剩下的地址线、控制线以及时钟线。

图 8-12　LPDDR3 和 CPU 的放置

- Address：SA0～SA14 共 15 根地址线。
- 时钟线：SCKP/SCKN 一对差分线。
- 控制线：WE、CAS、RAS、CS0、CS1、CKE0、CKE1、ODT0、ODT1、BA0、BA1、BA2。

注意：不同厂家的 LPDDR3 管脚数量会有所不同，大致的分类如上所示，针对不同的芯片，要对其管脚进行合理的分类。

（2）布线要求

① 走线间距满足 3W 原则。

② 数据线要求同组同层走线，以保持信号的一致性；地址组不做要求。

③ 组与组之间，在同层连接时不可交叉走线。

④ 数据线 DQS 不要与时钟线相邻，应布在数据组内部。

⑤ LPDDR3 信号必须有完整的地平面和电源平面，如图 8-13 所示，并禁止其他类型的信号线穿过 LPDDR3 的走线区域。

图 8-13　平面完整性

⑥ VREF 尽量靠近芯片,走线尽量短,并远离数据线,防止干扰到数据线;VREF的输入泄漏电流大概 3mA,建议布线宽度大于 10mil。

（3）布线长度控制和阻抗要求

① 差分对内,两线长度误差严格控制在 5mil 以内。

② 数据组走线长度误差控制在 50mil 以内;地址组中长度误差控制在 100mil 以内（速率越高,误差越小越好）。

③ 单端信号阻抗控制在 50Ω,差分信号控制在 100Ω。

8.4.2　CPU 核心

1. CPU 的布局

确定好 CPU 的位置后,将需要就近摆放到 CPU 周边的器件及电路放好。

（1）放置滤波电容及部分电阻

CPU 电源管脚的滤波电容及信号的上下拉电阻,尽量靠近管脚摆放,每个滤波电容至少一个电源孔和地孔。

（2）晶振的布局及走线

A64 有两个时钟源,一个是 24M 工作时钟,一个是 32k 休眠时钟,晶振晶体尽量靠近芯片摆放,采用 π 型滤波的方式布局。晶振走线应尽量短,避免打孔换层,晶体本体下方以及邻近层区域,都尽量避免其他走线,并包地处理。如图 8-14 所示。

图 8-14　晶振设计

2. CPU 的出线

（1）为减小 CPU 的出线压力,外围两圈的 Ball,尽量从顶层出线,如图 8-15 所示。内圈的 Ball 通过扇出后从内层或底层出线。

（2）CPU 的电源及地网络尽可能保证足够多的过孔,相同网络最好能交叉连接,以便加大载流,提高电源质量,如图 8-15 所示。

图 8-15　CPU 出线

8.4.3　PMIC 模块

　　AXP803 是一款高度集成的电源管理芯片,针对需要多路电源转换输出的应用,提供了简单灵活的电源管理解决方案,以满足日益复杂和准确的电源控制要求,适用于平板电脑、智能手机、学习机、手持式移动设备等。AXP803 配备了自适应 USB3.0 兼容的闪光灯充电器,可支持高达 2.8A 的充电电流,还支持 22 通道功率输出(包括 6 通道DCDC)。应用原理如图 8-16 所示。

图 8-16　PMIC 应用原理

通过原理图上走线加粗的部分，可以明确各个电源的电流大小，以便很好地完成电源的布线工作。PMIC 的 POWER TREE 可以明确电源输入输出关系，如图 8-17 所示。

图 8-17　POWER TREE

（1）PMIC 的布局

确定 PMIC 的位置，为方便后期的电源分割，优先考虑 5 路 DC-DC 的布局，其他 LDO 电源的滤波电容，靠近管脚放置。布局如图 8-18 所示。

（2）PMIC 的布线

① 图 8-16 中粗线标识的部分都是大电流电源，需根据原理图的标注来确定走线的宽度。尽量使用铺铜连接，并尽量加大铺铜宽度。

② DC-DC 电源换层时，建议 10/20mil 的过孔不少于 5 个；PMIC 的接地脚要可靠接地，即就近打地孔。

③ 采样反馈信号 BATSENSE、LOADSENSE 从采样电阻 R7 两端平行拉出，如图 8-19 所示。

图 8-18　PMIC 布局

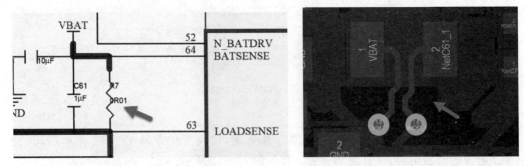

图 8-19　采样电阻布线情况

④ VDDFB-CPUX 是电源反馈信号,需远离板边及 DDR、CSI、SD CARD 等干扰信号走线,包地处理。从 Power 层远端铺铜处引出,与 VDD-CPUX 分割区域平行走线最好。如图 8-20 所示。同理,DCDC5(A)和 DCDC6(B)反馈线从主控端拉出。

⑤ 在每路 DC-DC 电源下方,即芯片背面的位置至少放一个 $10\mu F$ 的大电容,以改善电源质量,如图 8-21 所示。

图 8-20　VDDFB-CPUX 走线处理

图 8-21　PMIC 滤波电容放置

8.4.4 eMMC/NAND Flash 模块

A64 支持 NAND Flash 和 eMMC 等存储设备,一般会进行兼容设计。

(1) eMMC/NAND Flash 布局方面

使用兼容设计时,可将 NAND Flash 和 eMMC 叠加摆放,如图 8-22 所示。相关滤波电容需靠近电源管脚摆放。

(2) eMMC/NAND Flash 布线方面

① 兼容设计时采用菊花链的连接方式,先经 NAND Flash,再到 eMMC,尽量减少分叉线的长度,如图 8-23 所示。

图 8-22 Flash/eMMC 的兼容设计　　　　图 8-23 Flash 兼容设计走线

② 数据(D0~D7)信号与时钟(CLK)信号尽量同层集中走线,时钟信号包地处理,空间允许时保证 3W 原则,同时保证参考平面的完整性。

③ 走线长度尽可能<2000mil,所有走线等长误差保证在 300mil 范围内,需控制 50Ω 阻抗。

④ 与 eMMC-CLK 串联的电阻 R24 靠近 CPU 摆放,电路如图 8-24 所示。

ND-CE1/SPI0-CS	T19	NCE1				
PC4/NAND-CE0	T20	NCE0				
D-RE/SDC2-CLK	G20	R24	0R		NRE	eMMC-CLK
RB0/SDC2-CMD	K19	NRB0				eMMC-CMD
PC7/NAND-RB1	T19	NRB1				
D-DQ0/SDC2-D0	M21	NDQ0				eMMC-D0
	L19	NDQ1				eMMC-D1

图 8-24 eMMC-CLK 上的电阻

⑤ VCC、VCCQ 布线宽度建议不小于 12mil。

8.4.5　Audio 模块

Audio 模块包含耳机 HP、MIC 麦克风、Speaker 扬声器 3 个部分。

（1）耳机的设计

HP 接口即耳机座接口，其电路设计如图 8-25 所示。通过检测 HP-DET 信号是否满足设置的阈值，以此判断是否有耳机插入。R35-47k 电阻用于确保在耳机插入时能稳定检测到电平。

图 8-25　HP-JACK 电路

布局布线时注意，为保证有效的防静电作用，ESD 器件 ESD5451X 必须靠近接口管脚摆放；R39 必须靠近耳机座放置；HPOUTL 和 HPOUTR 为模拟信号，建议类差分并行走线，走线宽度＞8mil，包地处理，远离敏感的数字信号和电源区域。

（2）MIC 的设计

MIC 的电路设计如图 8-26 所示，左侧 EMC 电容靠近 MIC 端摆放，右侧偏置阻容靠近 IC 摆放。MIC1P/MIC1N 建议类差分走线，走线宽度不小于 8mil，包地处理，尽量远离高速信号，避免受到干扰。MBIAS 信号为偏置电压，走线宽度尽量加粗至 10mil 以上。

（3）Speaker 的设计

Speaker 的电路设计如图 8-27 所示，ESD 器件靠近接口摆放，扬声器到功放的距离尽可能短，保证走线越短越好，可以有效抑制功放电磁辐射。SPK＋/SPK－ 和 SPKP/SPKN 类差分走线，线宽建议加粗 8～12mil，包地处理。

ECM AMIC

图 8-26　MIC 电路

图 8-27　Speaker 电路

8.4.6　USB 模块

USB 是快速、双向、同步传输、方便使用的可热拔插的串行接口,USB 的协议由差分信号 USB0-DM/P 传输数字信号,具有高达 480Mb/s 的传输速率。

布局上,ESD 器件靠近管脚摆放,电源管脚的滤波电容也需就近放置。

布线上,USB 走线长度越短越好,换层过孔越少越好,严格差分走线,包地处理。为避免线长不匹配而引起的时序偏移和共模干扰,差分线之间需进行等长处理,对间长度误差控制在 5mil 以内,同时需控制阻抗在 90Ω,提高信号质量。

USB 的输出电流可达 500mA～1A,在满足载流要求的同时保留一定的裕量,可按 1A 电流处理。本例中,USB 作为电源供应端,USBVBUS 需加粗至 150mil。

8.4.7　Micro SD 模块

Micro SD 是一种极细小的快存储器，因其体积小、存储容量大的特性，在电路设计中应用广泛。Micro SD 属于经常拔插的器件，设计电路时要考虑增加 ESD 器件，电路设计如图 8-28 所示。

图 8-28　Micro SD 电路设计

进行 PCB 设计时需注意如下事项：

（1）ESD 器件靠近管脚摆放，尽量同层放置，让走线先经 ESD 再到管脚。

（2）SD 卡信号尽量同层一起走线，CLK 时钟线需包地处理，空间允许的情况下满足 3W 原则。

（3）为提高信号稳定性，所有信号做等长处理，误差保持在 300mil 以内，阻抗控制 50Ω。

8.4.8　Camera 模块

摄像头 Layout 建议如下：

（1）摄像头模组的电源滤波电容靠近座子摆放。

（2）摄像头布局要远离大功率辐射器件，如 GSM 天线等，防止出现花屏等情况。

（3）走线尽量集中同层，减少换层打孔的次数，MCLK 和 PCLK 做包地处理，并尽量保证参考平面的完整性。建议在内层走线，以提高系统的 EMC 性能。

（4）建议等长处理，误差控制在 500mil 以内。

8.4.9　LCM 模块

LCM,即液晶显示模组,布局布线要求如下：

(1) 根据结构要求,放置到板边,便于拔插。

(2) 临近地平面走线,保持参考平面的完整性,以保证阻抗的连续性。

(3) 严格差分走线,做等长处理,差分对内误差控制 5mil,差分对间误差控制 30mil,同时需控制阻抗 100Ω。

(4) 减少换层次数,如不可避免换层,在信号换层处打上回流地过孔。

8.4.10　CTP 模块

CTP,即电容触摸屏,又称为触控屏、触控面板,是一种可接收触头等输入讯号的感应式液晶显示装置。作为一种最新的电脑输入设备,它是目前最简单、方便、自然的一种人机交互方式。

GSL1680F 为电容触摸屏的驱动芯片,支持多点触摸,通过 I2C 总线传输数据。设计电路如图 8-29 所示。

图 8-29　CTP 驱动芯片应用电路

建议 Layout 时注意如下事项：

（1）各管脚对应的电源滤波电容和上拉电阻，都需要靠近管脚摆放。

（2）电源线尽量短、粗，线宽不少于 0.2mm，建议走线在 0.3mm 以上；驱动（SEN）信号和感应（DRV）信号走线尽量短。

（3）驱动通道和感应通道建议平行走线，避免交叉。若是相邻层走线，需要避免空间上的走线重叠；若是同层走线，最好使用包地线屏蔽隔离，如图 8-30 所示。

图 8-30　驱动与感应信号走线情况

（4）驱动 IC 未使用的驱动和感应通道需悬空，不可接地或电源。

（5）驱动信号和感应信号需避免和 I2C、SPI 等通信信号相邻、交叉或近距离平行，以免通信信号产生的脉冲对检测数据造成干扰。若不可避免的靠近通信信号，需用地线隔离。

8.4.11　Sensor 模块

三轴加速度计，用于检测加速度的方向和大小，可用于便携式设备的翻转运动，例如用于检测平板电脑的运动状态，实现屏幕的旋转切换。

Sensor 可布在板子的较为中心的位置，过于靠近板边会影响其灵敏性。摆放时注意器件的一脚方向，与 SDK（软件开发工具包）保持一致，方便软件调试。

8.4.12　HDMI 模块

HDMI，高清晰度多媒体接口，可传送音频和视频信号。其信号中需特别注意四对差分信号，包含一对差分信号和三对数据传输信号。

（1）布局要求

① HDMI 是热拔插器件，在设计时增加 ESD 器件，可避免静电干扰；添加共模电

感,可抑制 EMI;添加匹配电阻,可起防 ESD 和微调阻抗的作用。它们之间摆放顺序为 ESD→共模电感→匹配电阻。根据电路设计情况靠近接口摆放,小器件与接口器件尽量保持 1.5~2mm 间距,便于后期焊接。布局情况如图 8-31 所示。

图 8-31　ESD 器件摆放

② 若是存在匹配电阻,要求电阻必须并排摆放,如图 8-32 所示。

图 8-32　匹配电阻的摆放

(2) 布线要求

① 临近地平面走线,保证完整的参考平面,控制差分阻抗 100Ω。

② 线宽不宜小于 4mil,否则损耗过大,走线总长度尽量<3000mil。

③ 走线包地处理,最好立体包地,差分对之间间距不小于 12mil。

④ 差分对内、对间需要等长处理,对内误差严格控制在 5mil,对间误差 100mil,误差越小越好。

⑤ 换层过孔尽量不超过 2 个,若有 4Kx2K 应用或 CTS 认证需求,则最好不换层。

8.4.13　WiFi/BT 模块

A64 支持使用 WiFi/BT 模块，采用模块设计，可有效节省板子空间。WiFi 可分 UART 接口和 SDIO 接口，BT 基本都采用 UART 接口通信。A64 采用 WiFi/BT 模块 XR819 进行设计，并使用 RTL8723CS 进行兼容设计。其布局布线要求如下：

（1）WiFi/BT 模块尽量靠近天线接口，远离 DDR、LCD、马达、Speaker 等容易产生干扰的模块。条件允许的情况下，可增加屏蔽罩。

（2）天线要有完整的参考平面，走线越短越好，采用 π 型滤波方式布局，即保持信号线上无分支，无过孔。走线需拐弯时，拐弯处用圆弧处理，周边多打地过孔，地铜皮和 RF 信号保持一倍线宽的距离。如图 8-33 所示。

图 8-33　天线走线情况

（3）天线馈线阻抗控制 50Ω，最好隔层参考，以增加线宽。

（4）若使用板载天线，需确保天线走线附近 50mm^2 区域完全净空，天线本体至少距周围的金属 1cm 以上，如图 8-34 所示。

图 8-34　板载天线处理

（5）模组中的 SDIO 走线尽量同层集中走线，时钟 CLK 信号包地处理。整组信号最好进行等长处理，误差保持在 300mil 以内，提高 SDIO 口的稳定性。

8.5　器件布局

　　器件布局规划如前两个案例,先明确板子结构,确定主要布局层,一般都是顶层。放好需固定的器件,然后采用模块化布局与就近原则,先把主要的、复杂的、器件多的模块布好。剩下的模块,结合 CPU 的出线方向,以走线长度尽量短为目的摆放到就近区域。

8.6　规划屏蔽罩区域

　　为降低电磁干扰,提高产品的可靠性,可在 TOP 层加屏蔽罩。且屏蔽罩可作为主控的散热器,提高整机散热效果。此板可将 CPU、LPDDR3、PMIC、eMMC/NAND Flash这些核心模块规划到屏蔽罩内。如图 8-35 所示,外围箭头所指粗线即为屏蔽罩区域。

图 8-35　屏蔽罩区域

8.7 PCB 布线

8.7.1 PCB 设计规则及添加 Class

结合整板走线密度及 BGA 的类型尺寸，建议整板使用 0.2/0.4mm 的过孔，线宽为 4mil 及以上，最小间距同样采用 4mil。

为方便后期区分信号，实现快速布线，建议将同类型信号设置 Class，执行菜单栏中 "工具"→"类"命令，实现分类操作。

8.7.2 BGA 扇出

设置好过孔尺寸及线宽后，执行菜单栏中 "布线"→"扇出"→"器件"命令，在弹出的 "扇出选项"对话框中，勾选 "扇出外面 2 行焊盘"复选框，如图 8-36 所示。即可扇出如图 8-37 所示状态。

图 8-36 扇出操作

图 8-37 扇出效果

8.7.3　走线整体规划及连接

进行布线之前应先分析整板信号的分布及密度,做好走线层的规划,否则布线后期将寸步难行。若是遗漏关键信号,又要大面积修改,事倍功半。

布线时需保证关键信号如高速信号、时钟信号、同步信号、模拟小信号等优先布线,尽可能的临近地平面布线,以提供完整的参考平面。除此之外,也可优先考虑板上信号线分布最密集的区域。本例中最优布线层为第 3 层,根据信号走向,DDR、HDMI、LCM、eMMC/NAND Flash 和 Camera 信号都可以在第 3 层走线。

8.7.4　高速信号的等长处理

等长操作时需将信号进行分类,以便查看同类信号长度。以 LCM 信号为例,将需要等长的信号归为一类,如图 8-38 所示,在 Routed Length 栏中可查看信号长度。

(1)进行差分对内等长。由于 LCM 为差分信号,所以等长时需先将差分对内信号的长度误差严格控制在 5mil 以内,在线长不匹配的一端进行单端补偿,如图 8-39 所示。

图 8-38　LCM 信号

图 8-39　差分对单端补偿

（2）进行 LCM 组内等长。由图 8-38 可知最长信号线为 2671.445mil，以 2671mil 为绕线目标长度，CLK 信号线可绕多 5mil 左右。执行菜单栏中"布线"→"差分对网络等长调节"命令，或按快捷键 U＋P，将十字光标移动到差分线上，单击，拖动即可绕线，按 Tab 键，进行如图 8-40 所示的等长设置。

（3）其他单端高速信号类似，按快捷键 U＋R 可实现绕线等长。

8.7.5 大电源分割处理

电源处理时，分清哪些是核心大电流电源，哪些是小电源。在空间允许的情况下，小电源尽量在信号层连接；核心电源在分割时则需要注意载流，并考虑信号走线的跨分割问题。执行菜单栏中"放置"→"线条"命令，或按快捷键 P＋L，针对同一电源网络进行闭合区域划分，如图 8-41 所示。

图 8-40　等长属性设置

图 8-41　电源分割

8.7.6 走线优化

走线优化处理可提高整板性能的可靠性。针对案例，给出一些常见的优化走线的建议。

（1）走线 3W 原则，拉开走线间距，满足线中心距 3 倍线宽，以减少线间串扰。

（2）信号线与其回路构成的环面积要尽可能小。

（3）精简走线,在现有的布线情况下,对明显绕线较多的走线进行优化缩短。信号线上过孔较多的,也可以考虑减少过孔数量,达到优化的目的。

（4）信号换层处及板子空白区域放置地过孔,可以吸收一定干扰,并缩短信号的回流路径。

（5）添加泪滴,增强导线与过孔、焊盘的机械强度。

8.8　PCB 后期处理

8.8.1　铺铜及修铜处理

（1）铺铜处理

执行菜单栏中"工具"→"铺铜"→"铺铜管理器"命令,在弹出的 Polygon Pour Manager 对话框中,单击"来自……的新多边形"按钮,选择"板外形"选项,如图 8-42 所示。

图 8-42　由板框生成铜皮

然后在对话框右侧进行铺铜属性设置,如图 8-43 所示,即可在顶层完成整板铺铜操作。

其他层的铺铜可通过复制顶层整板铜皮,换层并按快捷键 E＋A,在弹出的"选择性粘贴"对话框中勾选"粘贴到当前层"和"保持网络名称"复选框,单击"粘贴"按钮即可,如图 8-44 所示。

（2）修改铜皮

整板铺铜时会不可避免的出现一些狭长的铜皮,为避免天线效应,造成一些不必要的干扰,应对这些铜皮进行挖空处理,通过执行菜单栏中"放置"→"多边形铺铜挖空"命令来消除狭长铜皮,如图 8-45 所示。

图 8-43　设置铜皮属性

图 8-44　"选择性粘贴"对话框

图 8-45　铜皮修整

8.8.2　DRC 检查并修正

按快捷键 T＋D 进入设计规则检查器，只需检查用户需要比对的规则即可。常规的检查包括安全间距、开路及短路等电气类检查，即 Electrical 项，如图 8-46 所示。其他检查项可根据实际需要进行关闭或开启。若出现错误，根据 Messages 提示，到相应位置修改，直到无错误或错误可忽略为止。

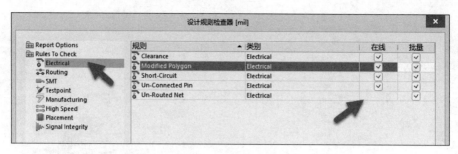

图 8-46　检查选项

8.8.3　丝印调整

丝印调整,便于后期文件输出,其调整原则如下:

(1) 阻焊、过孔不覆盖丝印。

(2) 保证字符方向的统一性,一般采用从左到右、从下到上的方向。

(3) 常规字体尺寸有 4/20mil、5/25mil、6/30mil、6/45mil 等,一般以 1∶5 的比例设置,具体的尺寸还需根据板子的空间和器件的密度灵活设置。

8.9　生产文件的输出

Gerber 文件的输出依照 STM32 或者 MT6261 案例的方式输出即可,这里不再赘述。装配文件可使用 Draftsman 功能输出,输出步骤如下:

(1) 创建 Draftsman 文档。打开工程,执行菜单栏中"文件"→"新的"→Draftsman Document 命令,弹出 New Document 对话框,按图 8-47 所示操作,软件生成后缀名为 .PcbDwf 的 Draftsman Document 文件,并自动将其存放到工程文件路径下。

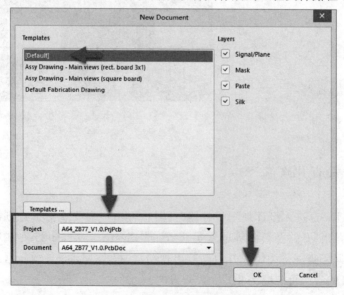

图 8-47　建立 Draftsman 文档

（2）输出装配文件（位号图/阻值图）

① 以位号图为例，在 Draftsman 编辑环境下执行菜单栏中 Place→Board Assembly View 命令即可放置 PCB 文件的顶层位号图，如图 8-48 所示。

图 8-48　顶层位号图

② 由图 8-48 中可看出位号的字体大小不一致，为了能够较为清晰地显示位号，在 Properties 面板中，可对 Scale、Style 选项中的 Font Size 灵活设置，如图 8-49 所示。

③ 设置完成后的部分位号如图 8-50 所示，能清晰地显示位号。将位号拖动到 Draftsman 编辑界面的左侧。

④ 在 Draftsman 编辑界面右侧放置一个 Board Assembly View，选择这个图形，在 Properties 选项组中，修改 View Side 属性为 Bottom，如图 8-51 所示，即可得到一个底层位号图。

⑤ 按照上述方式对 Scale、Font Size 进行设置，最终得到的位号图如图 8-52 所示。

⑥ 导出 PDF 格式。在 Draftsman 编辑界面下，执行菜单栏中 File→Export to PDF...命令，即可导出 PDF 格式的位号图。

图 8-49 参数设置

图 8-50 调整之后的部分位号

图 8-51 View Side 的修改

（3）输出 BOM

① 执行菜单栏中 Tool→Add Sheet 命令，添加新的 Draftsman 编辑页面，在新的页面下执行菜单栏中 Place→Bill Of Materials 命令，即可得到如图 8-53 所示的 BOM。

图 8-52　整板位号图

Bill Of Materials

Line #	Designator	Comment	Quantity
1	ANT1	ANT	1
2	BAT1	BAT	1
3	BAT-1	GND	1
4	BAT+1	VBAT	1
5	C1, C2, C3, C4, C9, C15, C21, C22, C23, C24, C28, C29, C30, C32, C39, C44, C45, C46, C71, C97, C99, C101, C102, C103, C105, C119, C120, C134, C135, C140, C142, C156, C162, DC1, DC5, DC6, DC7, DC8, DC9, DC13, DC14, DC15, DC16, DC19, DC20, DC21, DC22, DC24	104	48
6	C5, C6, C18, C33, C40, C77, C78, C79, C80, C81, C82, C84, C85, C86, C88, C90, C92, C94, C95, C129, C133, WC2, WC3	4.7µF	23
7	C7, C8, C83	472	3
8	C10, C16, C17, C25, C34, C38, C43, C48, C50, C51, C52, C53, C54, C55, C56, C57, C58, C59, C62, C63, C64, C65, C66, C67, C68, C69, C70, C72, C73, C74, C75, C76, C87, C93, C121, C145, C149, C176, C177, DC2, DC10	10µF	41
9	C11, C42, WC5	2.2µF	3
10	C12, C13, C36, C49	18pF	4
	C14, C19, C20, C26, C27,		

图 8-53　生成 BOM

列表中显示的参数可在 Properties 面板的 Columns 选项卡中设置,如图 8-54 所示。

② 若是板子器件过多,会导致 BOM 列表很长,Draftsman 页面放不下,所以需要对 BOM 进行属性设置。

③ 单击选中 Draftsman 页面上的 BOM,对 Properties 面板中的 Pages 进行设置,设置方式如图 8-55 所示。通过 Page 1 from 6 下拉列表框切换显示。

④ 若想在同一个 Draftsman 页面上显示多个 BOM 列表,需重复放置 BOM,将 Page 1 from 6 下拉列表框依次设置为 2~6,如图 8-56 所示。

此时 Draftsman 页面如图 8-57 所示。

图 8-54 设置 BOM 列表中的参数

图 8-55 Pages 参数设置

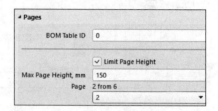

图 8-56 Pages 参数修改

Line #	Designator	Comment	Quantity
1	ANT1	ANT	1
2	BAT1	BAT	1
3	BAT-1	GND	1
4	BAT+1	VBAT	1
5	C1, C2, C3, C4, C9, C15, C21, C22, C23, C24, C28, C29, C30, C32, C39, C44, C45, C46, C71, C97, C99, C101, C102, C103, C105, C119, C120, C134, C135, C140, C142, C156, C162, DC1, DC5, DC6, DC7, DC8, DC9, DC13, DC14, DC15, DC16, DC19, DC20, DC21, DC22, DC24	104	48
6	C5, C6, C18, C33, C40, C77, C78, C79, C80, C81, C82, C84, C85, C86, C88, C90, C92, C94, C95, C129, C133, WC2, WC3	4.7µF	23
7	C7, C8, C83	472	3
8	C10, C16, C17, C25, C34, C38, C43, C48, C50, C51, C52, C53, C54, C55, C56, C57, C58, C59, C62, C63, C64, C65, C66, C67, C68, C69, C70, C72, C73, C74, C75, C76, C87, C93, C121, C145, C149, C176, C177, DC2, DC10	10µF	41
9	C11, C42, WC5	2.2µF	3
10	C12, C13, C36, C49	18pF	4
11	C14, C19, C20, C26, C27, C31, C41, C47, C60, C61, C89, C91, C96, C98, C100, C104, C122, C132, C141, C143, C158, DC3, DC4, DC11, DC12, DC17, DC18, DC23	1µF	28
12	C35	22µF	1
13	C37, C146, C150	102	3

Line #	Designator	Comment	Quantity
14	C106, C126	1µF	2
15	C107, C116, C125, C128	10µF	4
16	C108, C110, C112, C118, C127, WC7	104	6
17	C109, C111, C117	33pF	3
18	C113	10pF	1
19	C114, C115	NC/33pF	2
20	C123, C124	394	2
21	C130, C131	NC	2
22	C136	4.7µF	1
23	C137	10µF	1
24	C138, C139	0.1µF	2
25	C144, C148, C153	104/25V	3
26	C147, C152	4.7µF/25V	2
27	C151	224	1
28	C154	1µF/25V	1
29	C155	224	1
30	C157	1µF/10V	1
31	C159, C160, C161	104	3
32	C163	NC/10µF	1
33	C164, C165, C166, C167, C168, C169, C171, C173	0.1µF	8
34	C170, C172	10pF	2
35	C174, C175	NC/10µF	2
36	CN1	PJ-A20S01006A199	1
37	CN2	Speaker	1
38	CN3	FPC30PIN/0.5MM/BOTTOM	1
39	CN4	FPC30PIN/0.5MM/BOTTOM	1
40	CON1	GC0308	1
41	CON2	HDMI_TYPE_C	1
42	CTP1, CTP2, CTP3, CTP4, CTP5, CTP6, CTP7, CTP8, CTP9, CTP10, CTP11, CTP12, CTP13, CTP14, CTP15, CTP16, CTP17, CTP18, CTP19, CTP20, CTP21, CTP22, CTP23, CTP24, CTP25, CTP26, CTP27	T_POINT_R	27

图 8-57 BOM 的连续放置

8.10　A64 平板电脑检查表

为方便用户对自身设计的 PCB 进行系统检查，减少设计错误，表 8-2 列举 A64 平板电脑常见问题。

表 8-2　A64 平板电脑检查表

检 查 项 目	序号	检 查 内 容	检查记录
结构与叠层方面	1	导入的结构是否完全正确，定位孔是否遗漏	
	2	接口器件位置是否能对应上，接口方向是否正确	
	3	所用叠层是否合理，电源平面是否符合 20H 原则，CPU 邻层必须为 GND 平面	
布局方面	1	SCH、PCB 是否同步更新，封装库是否为最新版本	
	2	模块化布局，同一模块电路的器件应靠近摆放；按信号流向布局	
	3	所有 ESD 器件靠近各个接口摆放	
	4	器件间距是否合理，是否存在冲突，尽量保证大小器件间距 1.5～2mm	
	5	屏蔽罩区域是否有器件冲突，是否已连接到相应地网络	
布线方面	1	线宽、间距、过孔尺寸是否满足板厂工艺能力	
	2	接口信号先经过 ESD 器件，再连接到其他器件	
	3	高速信号、敏感信号、时钟/同步信号是否满足 SI 设计要求。(3W 原则、包地、等长、避免跨分割)	
	4	核心大电流电源是否满足载流要求。(换层过孔个数需足够，2A 载流至少 4 个 0.3/0.5mm 过孔，平面分割区域要注意瓶颈问题)	
	5	防止信号线在空间上形成自环，引起不必要的辐射干扰	
	6	板上无多余过孔和悬空走线	
	7	顶层走线与屏蔽罩相交时，为避免短路，是否添加白油处理	
设计后期	1	IC 器件 1 脚标识是否都有标注，极性器件是否有标注	
	2	丝印方向调整要统一，不被覆盖便于识别	
	3	是否进行 DRC，布通率是否为 100%	
	4	Gerber 文件是否正确，是否确保所需层数全部输出	

图书资源支持

感谢您一直以来对清华大学出版社图书的支持和爱护。为了配合本书的使用，本书提供配套的资源，有需求的读者请扫描下方的"书圈"微信公众号二维码，在图书专区下载，也可以拨打电话或发送电子邮件咨询。

如果您在使用本书的过程中遇到了什么问题，或者有相关图书出版计划，也请您发邮件告诉我们，以便我们更好地为您服务。

我们的联系方式：

教学资源·教学样书·新书信息

人工智能科学与技术
人工智能|电子通信|自动控制

地　　址：北京市海淀区双清路学研大厦 A 座 701

邮　　编：100084

电　　话：010-83470236　010-83470237

资源下载：http://www.tup.com.cn

客服邮箱：tupjsj@vip.163.com

QQ：2301891038（请写明您的单位和姓名）

资料下载·样书申请

书圈

用微信扫一扫右边的二维码，即可关注清华大学出版社公众号。